essentials

essentials liefern aktuelles Wissen in konzentrierter Form. Die Essenz dessen, worauf es als „State-of-the-Art" in der gegenwärtigen Fachdiskussion oder in der Praxis ankommt. *essentials* informieren schnell, unkompliziert und verständlich

- als Einführung in ein aktuelles Thema aus Ihrem Fachgebiet
- als Einstieg in ein für Sie noch unbekanntes Themenfeld
- als Einblick, um zum Thema mitreden zu können

Die Bücher in elektronischer und gedruckter Form bringen das Fachwissen von Springerautor*innen kompakt zur Darstellung. Sie sind besonders für die Nutzung als eBook auf Tablet-PCs, eBook-Readern und Smartphones geeignet. *essentials* sind Wissensbausteine aus den Wirtschafts-, Sozial- und Geisteswissenschaften, aus Technik und Naturwissenschaften sowie aus Medizin, Psychologie und Gesundheitsberufen. Von renommierten Autor*innen aller Springer-Verlagsmarken.

Weitere Bände in der Reihe https://link.springer.com/bookseries/13088

Klaus Stierstadt

Atommüll – die teure Erbschaft

Von der Kernenergiegewinnung zur Endlagersuche

Klaus Stierstadt
Fakultät für Physik
Universität München
München, Deutschland

ISSN 2197-6708 ISSN 2197-6716 (electronic)
essentials
ISBN 978-3-662-64725-7 ISBN 978-3-662-64726-4 (eBook)
https://doi.org/10.1007/978-3-662-64726-4

Die Deutsche Nationalbibliothek verzeichnet diese Publikation in der Deutschen Nationalbibliografie; detaillierte bibliografische Daten sind im Internet über http://dnb.d-nb.de abrufbar.

Planung/Lektorat: Margit Maly
Springer Spektrum ist ein Imprint der eingetragenen Gesellschaft Springer-Verlag GmbH, DE und ist ein Teil von Springer Nature.
Die Anschrift der Gesellschaft ist: Heidelberger Platz 3, 14197 Berlin, Germany

Was Sie in diesem *essential* finden können

- Sie erfahren, wie bei der Energiegewinnung aus Atomkernen im Reaktor radioaktive Abfälle entstehen.
- Sie lernen die Wirkung radioaktiver Strahlung auf unbelebte und belebte Materie kennen. Sie erfahren, was eine Strahlendosis ist, und welche Schäden sie im menschlichen Körper anrichten kann.
- Sie lernen die natürliche und künstliche Strahlenbelastung kennen.
- Die verschiedenen Arten des Atommülls, seine Mengen und seine vorläufige Deponie werden besprochen.
- Die Möglichkeiten für eine sichere Endlagerung des Abfalls werden diskutiert.

Vorwort

Wir stehen heute in Deutschland vor zwei großen technischen und finanziellen Herausforderungen: den Investitionen in die solare Energietechnik und der Beseitigung der Kernkraftwerksabfälle. Diese beiden Aufgaben hängen in gewisser Weise zusammen, und jede von beiden wird etwa 100 Mrd. € kosten. Wenn wir das Klima stabilisieren wollen, müssen wir bis zur Mitte des Jahrhunderts den größten Teil unseres Energiebedarfs direkt von der Sonne beziehen. Und wenn wir den Atommüll und sein Gefahrenpotenzial los werden wollen, dann müssen wir ihn recht bald unter die Erde bringen. Die Klimaveränderung spüren wir alle, vom Atommüll dagegen merken wir fast nichts. Trotzdem ist dieser so gefährlich, dass er dringend beseitigt werden muss. Denn einen Unfall à la Tschernobyl oder Fukushima können wir uns nicht noch einmal leisten.

In diesem Jahr 2022 werden die drei letzten Kernkraftwerke in Deutschland abgeschaltet. Dann wird das Abfallproblem wirklich akut. Die Entsorgung der radioaktiven Abfälle haben wir in Deutschland 50 Jahre lang vor uns her geschoben. Das hatte zwei Gründe: Den Energieversorgungsunternehmen war die Abfallbeseitigung zu teuer, denn sie hätte die Gewinne der Kraftwerksbetreiber empfindlich schrumpfen lassen. Und unserer Regierung war der Widerstand der Bevölkerung gegen eine Atommülldeponie zu lästig. Denn die sachliche Aufklärung der Bürger über Notwendigkeit, Vorteile und Risiken einer solchen Anlage war unseren Politikern zu mühsam. Sie haben dabei ihr Vertrauen in diesem Punkt weitgehend verspielt.

Die wirkliche Gefährlichkeit des Atommülls ist der Öffentlichkeit daher auch nur wenig bewusst. Ein verbrauchtes Brennelement aus einem Kraftwerksreaktor sendet nämlich eine so starke Strahlung aus, dass eine daneben stehende Person innerhalb von Minuten die akute Strahlenkrankheit bekommt oder mit 50 %

Wahrscheinlichkeit den Strahlentod stirbt. Und von diesen Brennelementen liegen bei uns zur Zeit etwa 30.000 auf Halde. Das heißt, sie befinden sich in provisorischen Betonhallen, sogenannten Zwischenlagern. Diese sind zwar gut bewacht, aber gegen Brände, Stromausfälle, Flugzeugabstürze, Terrorismus usw. nicht ausreichend gesichert. Und wenn der Inhalt nur eines einzigen dieser 30.000 Brennelemente in die Umwelt, in die Gewässer oder die Atmosphäre gelangen würde, dann hätten wir eine mit Tschernobyl oder Fukushima vergleichbare Katastrophe.

Wir besprechen in diesem Buch zunächst, wie die Energiegewinnung aus Atomkernen zur radioaktiven Strahlung im Reaktor und zu seinen Abfällen führt. Dann betrachten wir die medizinischen und gesundheitlichen Wirkungen dieser Strahlung. Anschließend werden die heute vorhandenen Abfälle und ihre vorläufige Unterbringung behandelt. Und schließlich besprechen wir das aktuelle Entsorgungskonzept und seine derzeitigen Aussichten auf Verwirklichung, das heißt, auf ein sicheres Endlager.

Klaus Stierstadt

Inhaltsverzeichnis

Einführung

1

Im kommenden Jahr geht das „Atomzeitalter“ in Deutschland zu Ende. Der erste deutsche Leistungsreaktor ging 1962 im Kernkraftwerk Kahl am Main ans Netz. Im Lauf der Jahre entstanden bei uns dann 37 solcher Anlagen. Später gab es eine Wende, und Ende 2022 werden die letzten drei dieser Kraftwerke wieder abgeschaltet. Wie kam es dazu und was haben uns diese 60 Jahre Stromerzeugung aus Atomkernenergie gebracht? Dazu müssen wir den euphorischen Beginn des Atomzeitalters und sein eher klägliches Ende in Deutschland etwas genauer betrachten.

Schon bald nach Einschalten des weltweit ersten Atomreaktors 1942 in Chicago (USA) war klar, dass die Kernspaltung außer zur Atombombe auch zur friedlichen Energieumwandlung genutzt werden kann. Das erste Kernkraftwerk, das elektrischen Strom lieferte, wurde 1952 in der Sowjetunion in Betrieb genommen. Bald wurde auch erkannt, dass man damit viel Geld verdienen kann, und dass man von den klassischen Energiequellen, Kohle, Erdöl und Erdgas unabhängig wurde. Daher entstanden weltweit mehr und mehr Kernkraftwerke. Heute sind etwa 440 davon in Betrieb. Ihre Stromerzeugung liegt zwischen je 300 und 1600 Megawatt. Und bis etwa zur Jahrtausendwende hielt die Euphorie der Energieunternehmen für diese Art der Elektrizitätsproduktion an.

Dann vollzog sich langsam ein Umdenken. Die Beseitigung des Abfalls der Kraftwerke, des sogenannten **Atommülls,** wurde immer schwieriger und immer teurer. Und der klimatische Vorteil der Kernenergie, nämlich kein CO_2 zu produzieren, verlor durch die Fortschritte der Sonnenenergietechnik langsam an Bedeutung. Die beiden großen Reaktorunfälle, in Tschernobyl 1986 und in Fukushima 2011, taten ein Übriges. Aus all diesen Gründen verschwand die anfängliche Euphorie. In mehreren Ländern gewann die Skepsis überhand, und dort begann ein langsamer Ausstieg aus der Kernenergie. Dabei war es weniger die Angst vor einem großen Unfall als die vor den Entsorgungskosten, die auch in Deutschland

K. Stierstadt, *Atommüll – die teure Erbschaft,* essentials,
https://doi.org/10.1007/978-3-662-64726-4_1

zum Umdenken führten. Würden nämlich die Baukosten und die Abrisskosten der Kernkraftwerke sowie die Entsorgungskosten des Abfalls voll auf die Strompreise umgelegt, so müssten diese mindestens drei- bis fünfmal so hoch sein wie heute. Und damit wäre die Kernenergie völlig abgeschlagen gegenüber den fossilen und solaren Energietechniken! Als die Kernenergie kurz vor der Jahrtausendwende in voller Blüte stand, lieferte sie in Deutschland ein Drittel des Strombedarfs. Heute sind es nur noch 5 %. Die ganze Geschichte des Kernenergiezeitalters ist übrigens in einem schönen Bilderbuch mit 460 Abbildungen dokumentiert [1].

Zur Illustration des Gesagten sind ein paar Zahlen nützlich: Die Errichtung eines Kernkraftwerks mit 1300 Megawatt elektrischer Leistung kostet je nach Standort zwischen 5 und 10 Mrd. Euro. Der Rückbau desselben nach Betriebsende, der wegen der starken radioaktiven Strahlung notwendig ist, kostet noch einmal einige Milliarden. Der Ertrag eines solchen Unternehmens entspricht andererseits dem Verkaufspreis des erzeugten Stroms. Das sind in 50 Jahren bei 80 % Volllast $5 \cdot 10^{11}$ Kilowattstunden. Nach heutigem Verkaufspreis von 5 Cent/kWh ergibt das 25 Mrd. Euro, rund das Doppelte der Investitions- und Rückbaukosten. Vonwie im nächsten diesem Gewinn müssen die Betriebskosten abgezogen werden. Sie sind schwer zu schätzen wegen der komplizierten Finanzierungs- und Subventionsmaßnahmen. Der Brennstoff aus angereichertem Uran kostet zur Zeit bis zu 100 Mill. pro Jahr, die übrigen Betriebskosten ungefähr ebenso viel. Das sind in 50 Jahren zusammen 10 Mrd. Euro. Zieht man das vom Verkaufspreis ab, so bleiben 15 Mrd. Euro übrig bzw. 300 Mill. Gewinn pro Jahr. Das entspricht recht genau der Schätzung von Energieunternehmen, die für jeden Ausfalltag einen Verlust von 1 Mill. Euro angeben. Zöge man aber auch die Bau- und Rückbaukosten, die aber teilweise durch Subventionen finanziert werden, komplett vom Gewinn ab, so blieben „nur" noch etwa 2,5 Mrd. Euro übrig bzw. 50 Mill. pro Jahr. Die hier angegebenen Zahlen beruhen auf Meldungen in der internationalen Presse. Von den großen Energieerzeugern und -verbrauchern erhält man direkt leider keine konkreten Angaben über Kosten und Erträge der Stromversorgung aus Kernenergie. Man kann jedoch schätzen, dass die heutigen Endlagerkosten etwa halb so hoch sind wie der Gesamtgewinn aus 50 Jahren Kernenergienutzung.

Nicht berücksichtigt in dieser Rechnung sind die Kosten für die Beseitigung des Atommülls. Er besteht, wie im nächsten Kap. 2 erklärt wird, aus einem Gemisch von etwa 100 hochgefährlichen radioaktiven Substanzen, ca. 25 t pro Kraftwerk und Jahr. Diese müssen tief in der Erde deponiert werden, damit sie keinen Schaden anrichten. Von solchem Abfall haben sich in Deutschland in 60 Jahren Kernenergienutzung 15.000 t angesammelt. Sie befinden sich zur Zeit in 16 sogenannten **Zwischenlagern,** zumeist bei den früheren Kernkraftwerken.

Diese Erblast muss schnell beseitigt werden, und das kostet voraussichtlich etwa 100 Mrd. Euro! Davon haben sich die Energieunternehmen vor einiger Zeit mit 24 Mrd. freigekauft. Der Rest muss vom Steuerzahler getragen werden. Bis zum Jahr 2031 soll der Ort für ein unterirdisches Abfalllager gefunden sein, und bis 2070 soll es fertig werden. Eine recht vage Zukunftsplanung! Daran sind zur Zeit fünf staatliche Gremien mit vielen hundert Mitgliedern beteiligt, vom Bundestag bis zur Bundesgesellschaft für Endlagerung [2]. Das Problem bei der Atommüllentsorgung ist aber nicht so sehr die Finanzierung, sondern es sind die Widerstände der Bevölkerung gegen eine solche Deponie, die überwunden werden müssen.

Die Atomkernenergie 2

2.1 Kernspaltung

In einem Kernreaktor wird die Energie der Atomkerne des Elements Uran in Wärme umgewandelt, und diese Wärme dann in einer Turbine und einem Generator in elektrischen Strom. Wir wollen kurz besprechen, wie das geschieht: Der Kern eines Uranatoms U-235[1] besteht aus 92 Protonen und 143 Neutronen. Er hat einen Durchmesser von etwa zehn billionstel bzw. 10^{-11} Millimetern (Abb. 2.1a). Beschießt man einen solchen Kern mit Neutronen, so wird er oft in zwei Bruchstücke gespalten, zwei kleinere Atomkerne (Abb. 2.1b). Diese beiden Bruchstücke bzw. **Spaltprodukte** fliegen dann mit großer Geschwindigkeit von etwa 13.000 km/s auseinander. Das kommt unter anderem daher, dass ihre positiv geladenen Protonen sich mit großer Kraft abstoßen. Die Kernbruchstücke treffen dann auf andere Kerne in ihrer Umgebung und übertragen ihnen etwas von ihrer Energie bis diese aufgebraucht ist. Die angestoßenen Atome werden dadurch in heftige Schwingungen versetzt, und das Uran wird heiß. Damit ist die Energie, die vorher als potenzielle im Urankern gespeichert war, in Wärmeenergie umgewandelt. Nun ist die Energie von 200 MeV[2] bzw. $9 \cdot 10^{-16}$ kWh, die bei einer einzigen Spaltung frei wird, nicht sehr viel. Spaltet man jedoch die Atomkerne von einem ganzen Kilogramm Uran, nämlich $2{,}56 \cdot 10^{24}$ Stück, so erhält man eine beträchtliche Energiemenge, 23,0 Mill. kWh! Würde man diese vollständig in elektrischen Strom verwandeln, so reichte das in Deutschland ein Jahr lang für etwa 5000 Haushalte. In einem normalen Kernkraftwerk werden jedoch nur ca. 35 % der Spaltenergie in Elektrizität umgewandelt. Der Rest ist Abwärme, die durch Kühlung in die Umwelt abgeleitet werden muss, in die Luft oder ins

[1] Die Massenzahl 235 bezeichnet die Gesamtzahl der Nukleonen im Atomkern.

[2] MeV: Millionen Elektronenvolt, 1 MeV = $1{,}60 \cdot 10^{-13}$ J.

K. Stierstadt, *Atommüll – die teure Erbschaft*, essentials,
https://doi.org/10.1007/978-3-662-64726-4_2

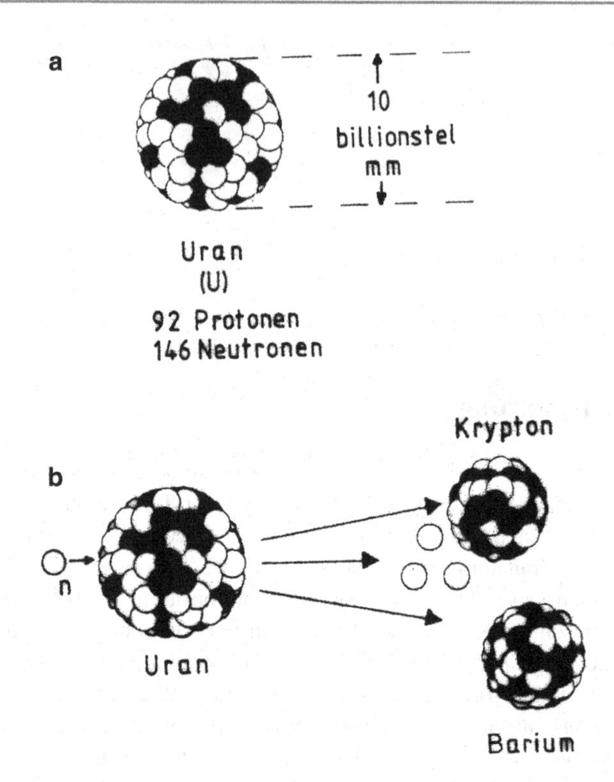

Abb. 2.1 Struktur von Atomkernen, Protonen schwarz, Neutronen weiß. **a** Uran-238, **b** Spaltung eines Urankerns durch ein Neutron (n) in zwei Bruchstücke und drei Neutronen

Wasser. Ein Kilogramm Uran liefert im Reaktor etwa so viel Energie wie 2700 t Steinkohle, ein Güterzug mit 50 Waggons.

Nun erheben sich zwei Fragen: Warum nimmt man gerade das Uran-235 zur Spaltung, und woher kommen die dafür notwendigen Neutronen? Zunächst zum Uran: Außer diesem gibt es zwar noch eine Reihe anderer Atomkerne, die sich durch Neutronenbeschuss spalten lassen. Aber diese sind entweder selten oder giftig oder instabil. Das heißt, sie zerfallen im Lauf der Zeit ganz von selbst in andere Atomkerne. Das Uran-235 ist dagegen zu 0,7 % im relativ häufigen natürlichen Uran-238 enthalten. Es kann mit verschiedenen Anreicherungsmethoden daraus gewonnen werden. Für den Reaktorbetrieb reicht eine Konzentration von 3 bis 5 %. Ein solcher **Kernbrennstoff** kostet heute rund tausend Euro pro Kilogramm. Der Preis schwankt aber stark.

Nun zur Frage nach dem Ursprung der zur Spaltung notwendigen Neutronen: Diese kommen aus dem Uran selbst, denn von Zeit zu Zeit zerfällt ein solcher Atomkern ganz von allein ohne äußeren Anlass. Er emittiert dabei einige Neutronen wie in Abb. 2.1b. Das geschieht in einem Kilogramm Uran-238 etwa 10^7-mal pro Sekunde. Und die dabei freiwerdenden Neutronen können dann einen weiteren Atomkern spalten, wenn sie ihn gut treffen. Allerdings trifft nicht jedes Neutron. Einige entweichen durch die Oberfläche des Urans ins Freie. Erst wenn eine genügende Menge des Brennstoffs beisammen ist, bleiben die meisten Spaltneutronen im Inneren bis sie einen anderen Kern treffen. Eine solche Menge Uran heißt **kritische Masse** und beträgt für reines Uran-235 etwa 49 kg, eine Kugel von 8,4 cm Radius. Hierin wird für jeden gespaltenen Atomkern mindestens ein weiterer gespalten, und das nennt man eine **Kettenreaktion.** Sie geht in einem Kilogramm innerhalb einer millionstel Sekunde vor sich und die oben genannte riesige Energiemenge wird frei. Genau so funktioniert eine Atombombe. Im Reaktor verhindert man dieses explosive Ereignis, weil das Uran-235 hier stark verdünnt im Uran-238 vorliegt.

2.2 Spaltprodukte

Die bei der Spaltung entstehenden Bruchstücke enthalten im Allgemeinen verschieden viele Protonen und Neutronen. Auf diese Weise entstehen etwa 200 Nuklide bzw. Isotope von 40 verschiedenen Elementen, aber mit sehr unterschiedlicher Häufigkeit. Das sind zum Beispiel die Elemente Barium, Cäsium, Iod, Krypton, Lanthan, Niob, Praseodym, Strontium, Xenon, Yttrium usw. Diese **Spaltprodukte** haben alle eine besondere Eigenschaft, sie sind **radioaktiv.** Das heißt, ihre Atomkerne senden energiereiche Strahlen aus, Beta- und Gammastrahlen und auch einige Neutronen[3]. Dabei wandeln sich die Spaltprodukte sukzessive in andere Elemente um. Ein Beispiel zeigt die Abb. 2.2. Die Lebensdauer dieser einzelnen Nuklide schwankt in sehr weiten Grenzen. Ihre **Halbwertszeiten**[4] liegen zwischen einer millionstel Sekunde und 50 Mrd. Jahren. Die **Zerfallsenergie** jedes Strahlungsteilchens oder -quants liegt zwischen rund 10 keV und 1 MeV. Diese radioaktive Strahlung ist für biologisches Material und für Lebewesen extrem gefährlich., denn sie verändert oder zerstört organische und andere

[3] Betastrahlen sind schnelle Elektronen und Gammastrahlen elektromagnetische Wellen kurzer Wellenlänge.

[4] Das ist diejenige Zeit, nach der gerade die Hälfte einer vorhandenen Substanz mit exponentiellem Verlauf zerfallen ist.

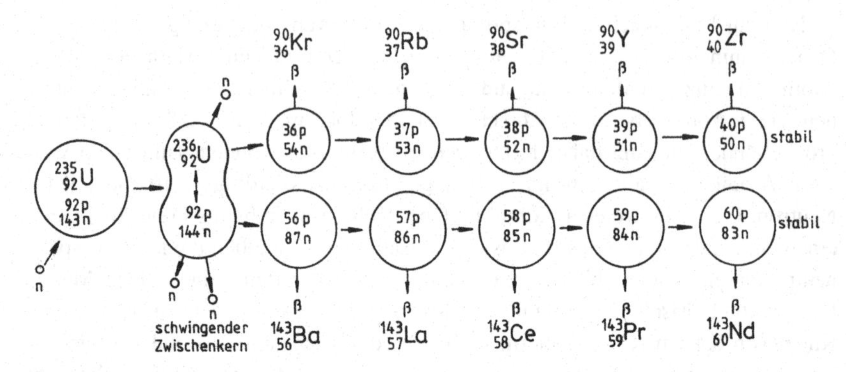

Abb. 2.2 Spaltung eines Uran-235-Kerns und sukzessive Zerfälle der beiden Spaltprodukte Krypton und Barium; p Protonen, n Neutronen, ß Betastrahlen. (Nach Stierstadt 2010)

Moleküle. Darauf gehen wir im nächsten Kapitel genauer ein. Eine ausführliche Beschreibung der Spaltprodukte, ihrer Häufigkeit, Energieverteilung und ihrer Zerfallskurven findet man in [3].

2.3 Transurane

Außer den Spaltprodukten entstehen bei der Uranspaltung noch andere gefährliche Stoffe, die **Transurane.** Das sind Elemente jenseits des Urans mit Protonenzahlen über 92, die alle radioaktiv sind. Beispiele sind Neptunium, Plutonium, Americium, Curium usw. Sie entstehen durch Einfang eines oder mehrerer Spaltneutronen (s. Abb. 2.1b) durch die Atomkerne des Urans-238. Ein Beispiel lautet:

$$\text{Uran-238} + \text{n} \rightarrow \text{Uran-239} \rightarrow \text{Neptunium-239} + \text{e} \rightarrow \text{Plutonium-239} + \text{e}$$

(n Neutron, e Elektron, der zweite und dritte Pfeil bedeuten einen Betazerfall). Die Transurane sind alle radioaktiv und wandeln sich durch Alpha-, Beta- und Gammastrahlen im Lauf der Zeit in stabile Elemente unterhalb des Urans um. Die Halbwertszeiten liegen zwischen 100 und 100 Mill. Jahren. Die Alphastrahlung[5] der Transurane ist besonders energiereich, bis zu 8 MeV. Und sie ist

[5] Alphastrahlen sind schnelle Heliumatomkerne.

biologisch besonders gefährlich, weil sie in Materie ihre Energie in sehr konzentrierter Form deponiert (s. Kap. 3). Das häufigste Transuran, Plutonium-239 ist außerdem besonders gefürchtet. Schon das Einatmen von 30 millionstel Gramm davon bewirkt eine 50-%ige Wahrscheinlichkeit an Lungenkrebs zu erkranken. Außerdem ist Plutonium ein gebräuchlicher Atomwaffensprengstoff. Ausführliche Angaben über Häufigkeit, Zerfall und Radioaktivität der Transurane findet man in [3].

2.4 Die Gesamtaktivität

Die Radioaktivität des gesamten Abfalls, Spaltprodukte und Transurane, nimmt wie gesagt kontinuierlich mit der Zeit t ab. Addiert man die Aktivitäten aller Elemente entsprechend ihrer Häufigkeit, so erhält man die Kurve der Abb. 2.3 [3]. Die Gesamtaktivität nimmt in den ersten 500 Jahren proportional zu $t^{-1,2}$ ab, danach etwas langsamer. Nach einer Millionen Jahren ist sie auf etwa ein Millionstel des Anfangswerts gesunken. Das klingt zwar nach wenig, ist aber immer noch so viel, dass man nicht unvorsichtig damit umgehen darf. Die Maßeinheit für die Aktivität ist das Becquerel (Bq, nach Antoine H. Becquerel); 1 Bq entspricht 1 Zerfall pro Sekunde. Was die Zahlen in der Abbildung wirklich bedeuten, das besprechen wir in den folgenden Kapiteln 3 und 4. Hier stellen sie die Aktivität für ein drei Jahre lang im Reaktor genutztes Brennelement dar (s. Abb. 2.4c). Anfangs sind es eine Trillionen (10^{18}) Zerfälle pro Sekunde!

2.5 Der Kernreaktor

Zum Schluss dieses Kapitels wollen wir noch ganz kurz auf die Konstruktion und Funktion eines Reaktors eingehen. Abb. 2.4(1) zeigt den Aufbau eines Druckwasserreaktors, des in Deutschland am meisten verwendeten Typs. Der Brennstoff Uran findet sich im Reaktorkern links im Bild. Die bei einer Temperatur von 500 bis 600°C dort entstehende Wärme wird im Primärkreislauf durch Kühlwasser abgeführt. Sie wird dann zum Verdampfen von Wasser im Sekundärkreislauf genutzt. Der dort entstehende Dampf treibt eine Turbine und diese einen Stromgenerator. Wegen der starken radioaktiven Strahlung des Reaktorkerns braucht man zwei Wasserkreisläufe. Im primären beträgt der Druck 100 bis 200 bar, im Sekundärkreislauf etwa 70 bar. Das Uran befindet sich als Oxid UO_2 in dünnen stabförmigen Röhren aus Zirkon von 5 m Länge und 1 cm Durchmesser.

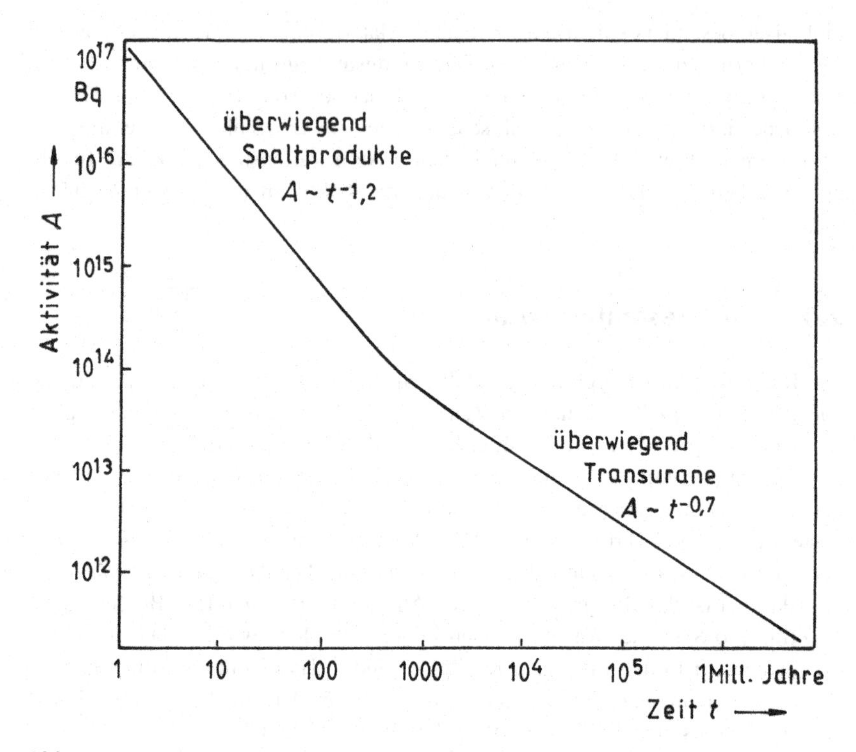

Abb. 2.3 Zeitlicher Verlauf der Gesamtaktivität von Spaltprodukten und Transuranen in einem drei Jahre im Reaktor genutzten Brennelement

Diese **Brennstäbe** sind zu etwa 50 bis 200 Stück parallel in einem **Brennelement** angeordnet (Abb. 2.4(2)). Zwischen ihnen zirkuliert das Kühlwasser. Die Beschreibung verschiedener Reaktortypen und ihrer Funktion findet man in [3].

2.6 Reaktorsicherheit

Der Betrieb eines Kernreaktors ist sehr viel aufwendiger als der eines gleichgroßen konventionellen Kraftwerks, das mit Kohle, Erdöl oder Erdgas geheizt wird. Dafür gibt es einen einfachen Grund: die radioaktive Strahlung, die vom Reaktor beim Betrieb und von seinen Abfallprodukten ausgeht, ist vielfach lebensgefährlich. Je mehr Neutronen pro Zeiteinheit im Brennstoff entstehen,

(1)

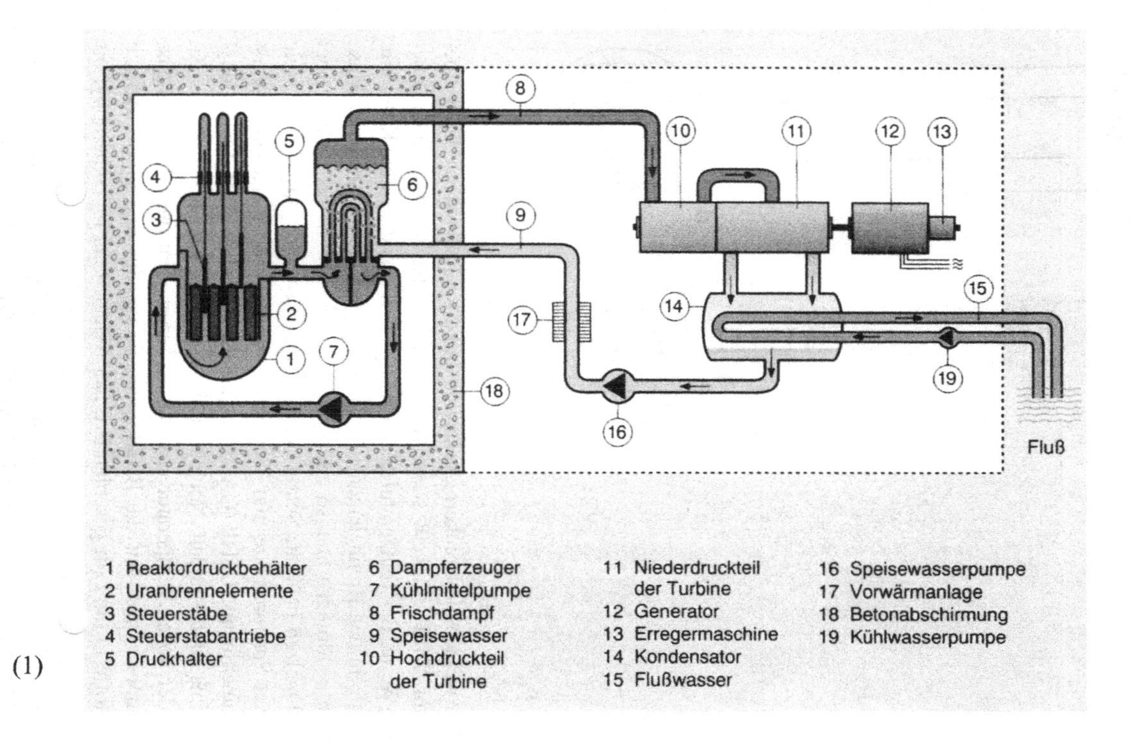

Abb. 2.4 Reaktor und Brennelement. (1) Kernkraftwerk mit Druckwasserreaktor (aus Stierstadt 2010), (2) Uranoxid-Tablette (a), davon etwa 200 in einem Brennstab (b), davon etwa 200 in einem Brennelement (c), davon etwa 200 in einem Reaktor (d) in Draufsicht mit Brennelementen (□) und Steuerstäben (•)

Abb. 2.4 (Fortsetzung)

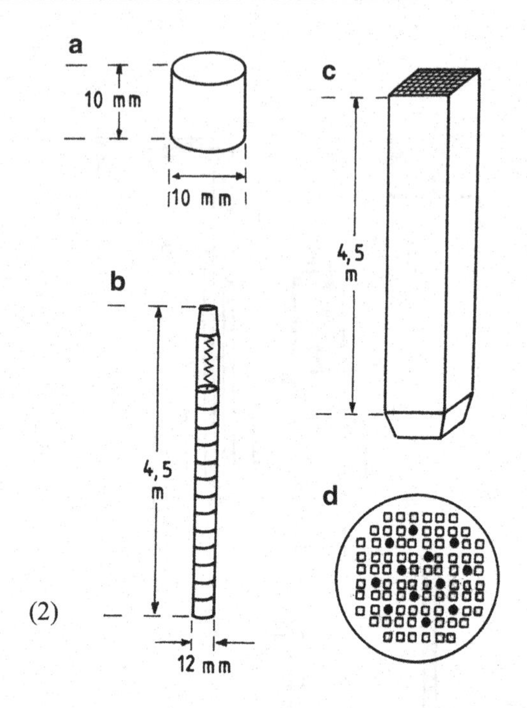

(2)

desto schneller werden die Urankerne gespalten und desto höher steigt die Temperatur im Reaktor. Wird er zu heiß, so steigt der Druck in den Kühlkreisläufen über die zulässigen Werte. Bei Temperaturen über 600°C verformen sich die Kühlrohre und die Bauteile in den Brennelementen. Fällt das Kühlsysteme auf diese Weise oder durch Stromstörungen aus, so erhitzt sich der Brennstoff weiter, bis er bei 2865°C zu schmelzen beginnt. Schon vorher schmelzen oder verdampfen viele der radioaktiven Spaltprodukte und Transurane. Eine solche **Kernschmelze** ist der größte anzunehmende Unfall (GAU), und sie hat zum Beispiel in Tschernobyl und in Hiroshima stattgefunden. Noch schlimmer wurde es bei beiden Anlässen, weil sich bei der hohen Temperatur das Wasser zersetzt hat und eine Knallgasexplosion stattfand. Diese hat die Reaktorgebäude zerstört und große Mengen radioaktiver Stoffe in die Luft geschleudert. Der Schaden lag in Tschernobyl bis heute im Bereich von Billionen Euro, und in Fukushima bisher bei einigen hundert Milliarden. Kleinere Reaktorunfälle mit Schadenssummen im mehrstelligen Milliardenbereich gab es weltweit schon mehrere, zum Beispiel in Windscale, Harrisburg, Majak, Three Mile Island usw.

Es ist daher absolut wichtig, dass beim Reaktorbetrieb nicht zu schnell zu viele Neutronen entstehen, und dass sein Brennstoff dadurch nicht zu heiß wird. Dazu befinden sich in den Brennelementen **Steuerstäbe** (s. Abb. 2.4(2)d). Das sind langgestreckte Röhren, in denen sich Cadmium- oder Borverbindungen befinden, die Neutronen absorbieren. Steigt die Temperatur im Reaktor, dann werden die Steuerstäbe in das Brennelement hineingefahren und die Neutronendichte sinkt; wird es dadurch zu kalt, dann werden sie wieder stückweise herausgezogen. Das Regulieren der Temperatur auf diese Weise ist ein viel komplizierterer Vorgang als bei einem konventionellen Verbrennungskraftwerk, bei dem das durch Regeln der Luftzufuhr geschehen kann. Vor allem wird es dort nie so heiß wie in einem Reaktor. Eine Dampfkesselexplosion bei einer konventionellen Anlage ist zwar auch ein katastrophales Ereignis. Aber es ist gar nicht vergleichbar mit dem GAU in einem Kernkraftwerk. Denn bei diesem werden große Gebiete radioaktiv verseucht und auf Dauer unbewohnbar, und der Schaden geht in die Billionen. Bei Tschernobyl sind mindestens 3000 bis 5000 Menschen an den Folgen der Strahlenwirkung gestorben [3]. Schließich ist die Bedienung eines Reaktors so aufwendig, weil wegen der starken radioaktiven Strahlung viele Handgriffe fernbedient ausgeführt werden müssen. Aus all diesen Gründen sind die Betriebskosten eines Kernkraftwerks um eine Größenordnung höher als die eines konventionellen.

Hier ist noch eine Bemerkung zum Sprachgebrauch nötig: Wir haben beim Kernreaktor immer vom „Verbrennen“ des Urans gesprochen, von Brennelementen, Brennstäben usw. Das ist eigentlich nicht richtig. Es wird zwar sehr heiß, aber es „verbrennt“ nichts. Beim normalen Verbrennen handelt es sich ja um die Oxidation einer Substanz durch Sauerstoff. Jedes Feuer ist nichts anderes, sondern die Oxidation von Wasserstoff oder Kohlenstoff usw. zu H_2O oder CO_2. Dabei werden die Atome der beteiligten Stoffe umgeordnet und *elektrische Energie* wird in Wärme verwandelt. Beim „Verbrennen“ von Uran dagegen werden Atomkerne gespalten und ihre *Bindungsenergie* wird in Wärme transformiert. Die Nukleonen in den Atomkernen sind nämlich mit der sogenannten Starken Kraft an einander gebunden. Sie ist etwa tausendmal stärker als diejenige zwischen Elektronen und Protonen im Atom. Zwischen zwei Nukleonen beträgt sie etwa 10.000 N, entsprechend der Gewichtskraft von 1000 kg! Weil es sich so eingebürgert hat, bezeichnen wir heute aber auch das Spalten von Atomkernen im Reaktor als „Brennen“.

Die radioaktive Strahlung und ihre Wirkungen [4]

3

Radioaktive Strahlung ist lebensgefährlich, denn sie stört oder zerstört biologische Prozesse in Lebewesen. Die mikroskopische Strahlenwirkung verändert die chemischen Vorgänge in lebenden Zellen in vielfacher Weise. Hinzukommt, dass wir kein Sinnesorgan für radioaktive Strahlung haben. Wir können sie, ähnlich wie das ultraviolette Sonnenlicht oder die Röntgenstrahlung, nicht sehen oder fühlen.

3.1 Primäre Prozesse

In den Spaltprodukten und Transuranen entstehen, wie gesagt, vier verschiedene Arten radioaktiver Strahlen: Alpha-, Beta-, Gamma- und Neutronenstrahlen. Alphastrahlen sind positiv geladene Heliumatomkerne, Betastrahlen sind negativ geladene Elektronen und Gammastrahlen sind elektromagnetische Quanten, ähnlich der Röntgenstrahlung. Alle diese Partikel haben kinetische Energien zwischen etwa 10^{-14} und $7{\cdot}10^{-13}$ J bzw. 100 keV und 7 MeV. Wenn sie auf Materie treffen, dann stoßen sie mit deren Atomkernen und Elektronen unelastisch zusammen und übertragen diesen nach und nach Teile ihrer Energie. Die dabei getroffenen Elektronen fliegen dann mit verschiedener Energie bis zu 10^{-14} J (100 keV) weiter und können ihrerseits andere Elektronen anstoßen. Bei diesen Vorgängen wird die räumliche Verteilung der Elektronen in Atomen und Molekülen verändert. Diese werden **angeregt** oder **ionisiert,** chemische Bindungen werden modifiziert oder gebrochen, Moleküle werde verändert oder gespalten. In Wasser entsteht dadurch zum Beispiel Wasserstoffperoxid (H_2O_2) oder Hydronium (H_3O^+). Beides sind starke Zellgifte und entziehen organischen Molekülen deren Wasserstoffatome („oxydativer Stress“). Andere zerstörerische Prozesse sind die Spaltung von Aminosäuren ($R \rightarrow R' + NH_2 +$

K. Stierstadt, *Atommüll – die teure Erbschaft,* essentials,
https://doi.org/10.1007/978-3-662-64726-4_3

H_2) oder das Entstehen von Disulfidbindungen in Enzymen (E-S-S-E→ E-SS-E' + H_2). Schließlich gehört dazu die Erzeugung von Fehlstellen in der Erbsubstanz Desoxyribonukleinsäure (DNS). Dabei können dominante und rezessive Erbänderungen (Mutationen) entstehen, Funktionsstörungen, Krebs, Missbildungen und Unfruchtbarkeit. Um diese Strahlenwirkungen quantitativ zu beurteilen und vergleichen zu können, brauchen wir ein Maß dafür, die Strahlendosis.

3.2 Die Strahlendosis

Um die Wirkungen solcher Strahlenschäden quantitativ zu beschreiben, verwendet man eine eigne Messgröße, die **Strahlendosis** *D,* auch **Energiedosis** genannt. Sie ist definiert als die von der Strahlung in Materie deponierte Energie *E,* geteilt durch die Masse *m,* in welcher *E* absorbiert wird:

$$D = \frac{E}{m} = \frac{Aet}{m} \tag{3.1}$$

mit der Einheit Joule pro Kilogramm (*A* Aktivität, *e* Energie eines Teilchens, *t* Zeit). Diese spezifische Energiedichte *D* hat den Namen **Gray** erhalten (nach Louis H. Gray); 1 Grevy (Gy) = 1 J/kg. Ein Gray ist, verglichen mit im täglichen Leben vorkommenden Energien, eine relativ kleine Dosis. Mit einem Gray kann man zum Beispiel einen Liter Wasser nur um 0,0002 Grad erwärmen. Eine solche Temperaturerhöhung würde unserem Körper überhaupt nicht schaden. Andererseits ist ein Gray strahlenbiologisch gesehen eine recht hohe Dosis. Sie führt, wie wir gleich sehen werden, schon zur akuten Strahlenkrankheit. Offenbar kommt es bei einer solchen Dosis nicht auf die absolute Energiemenge an, die unser Körper erhält. Vielmehr kommt es auf die *Verteilung* dieser Energie im Körper an. Ein Gray Strahlung erzeugt nämlich in jeder Zelle unseres Körpers etwa 90.000 molekulare Veränderungen. Und diese sind es, die wir zu fürchten haben, nicht die minimale Temperaturerhöhung des Körpers insgesamt. Ein Vergleich ist hier nützlich: Es schadet uns nichts, von vielen langsam fallenden kleinen Stahlkugeln berieselt zu werden. Aber eine einzelne schnell geschossene Kugel kann an bestimmten Stellen tödlich sein.

Bei der medizinischen Strahlenwirkung kommt es außer auf die Energie also auf die Details ihrer Wechselwirkung mit dem Körpergewebe an. Das betrifft vor allem die **Ionisierungsdichte,** die Anzahl der pro Weglänge vom Strahlungspartikel getroffenen und losgelösten Elektronen. Diese Zahl beträgt für Alphastrahlen etwa 4000 pro Mikrometer, für Betastrahlen 10 und für Gammastrahlen 0,3 pro

Mikrometer. Daran sieht man, dass die verschiedenen Strahlenarten sich in Materie ganz verschieden weit fortpflanzen bis ihre Energie durch Zusammenstöße verbraucht ist. In Abb. 3.1 sind die **Reichweiten** verschiedenen Strahlenarten in unterschiedlichen Stoffen skizziert. Je größer die Ionisierungsdichte ist, desto kleiner die Reichweite. Diejenige im Körper entspricht etwa derjenigen in Wasser.

Der Einfluss verschiedener Strahlenarten auf die biologischen und medizinischen Wirkungen wird durch einen **Wichtungsfaktor** w_R beschrieben (R für radiation). Mit ihm multipliziert man die Energiedosis D, um eine bestimmte

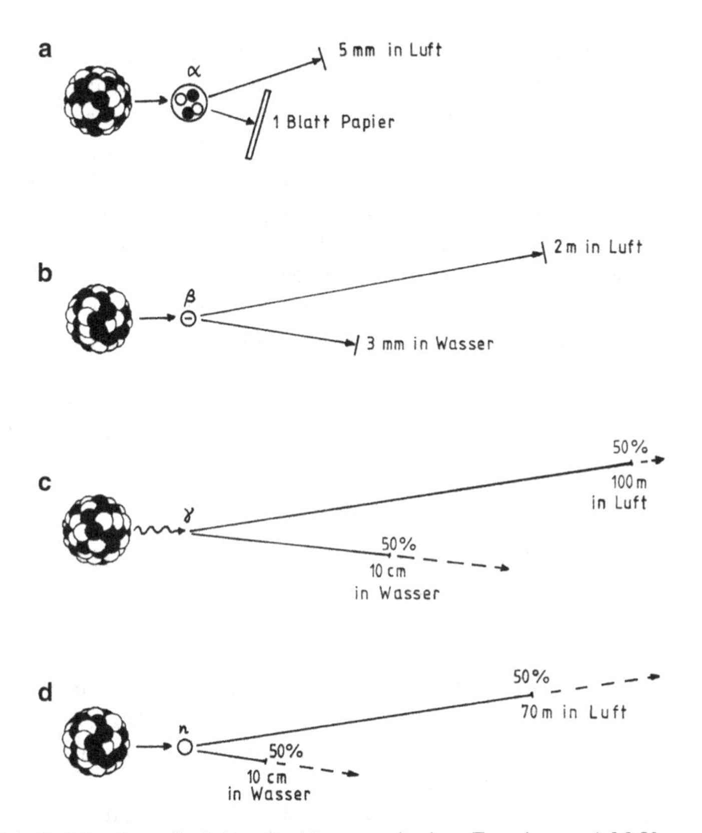

Abb. 3.1 Reichweite radioaktiver Strahlungen mit einer Energie von 1 MeV aus einem Atomkern (Protonen schwarz, Neutronen weiß). **a** Alphastrahlen, zweifach positiv geladen; **b** Betastrahlen, einfach negativ geladen; **c** Gammastrahlen, elektrisch neutral; **d** Neutronen, elektrisch neutral

medizinische Wirkung *unabhängig von der Strahlenart* zu charakterisieren. Für die so definiert **Äquivalentdosis** H gilt dann:

$$H = w_R \cdot D \tag{3.2}$$

Die Größe H hat einen eigenen Namen bekommen, nämlich **Sievert** (Sv) nach Rolf M. Sievert, hat aber die gleiche Maßeinheit wie die Energiedosis D, nämlich J/kg; w_R ist dimensionslos. Der Wichtungsfaktor hängt wie gesagt von der Strahlenart und von ihrer Energie ab. Er wird empirisch festgelegt und beträgt 1 für Beta- und Gammastrahlen, 5 bis 10 für schnelle und langsame Neutronen sowie 20 für Alphastrahlen und mittelschnelle Neutronen. Wenn man also feststellt, dass ein Sievert einen bestimmten Strahlenschaden erzeugt, zum Beispiel eine Blutbildveränderung, so heißt das: dieser wird entweder durch 1 Gy Beta- oder Gammastrahlen hervorgerufen oder durch 0,05 Gy Alphastrahlen als Energiedosis usw. Beides entspricht jeweils einem Sievert Äquivalentdosis.

Weil auch verschiedene Organe unseres Körpers auf alle Strahlenarten verschieden empfindlich reagieren, gibt es auch noch einen **Organwichtungsfaktor** w_T (T für tissue). Mit diesem wird die von den einzelnen Organen empfangene Dosis D oder H multipliziert, wenn man deren Strahlenempfindlichkeit vergleichen will. Die w_T-Faktoren werden ebenfalls empirisch festgelegt und sind alle kleiner als 1; zum Beispiel 0,2 für die Keimdrüsen oder 0,01 für Haut und Knochen. Das heißt, eine bestimmte Dosis ist für die Keimdrüsen 20-mal schädlicher als für die Haut. Die Summe der w_T-Faktoren für den ganzen Körper ist auf 1 normiert.

3.3 Biologische und medizinische Strahlenwirkungen

Die im Abschn. 3.1 beschriebenen mikroskopischen Wirkungen radioaktiver Strahlen auf Atome und Moleküle führen bei Lebewesen zu einer ganzen Reihe von biologischen Schäden und Funktionsstörungen. Das betrifft Einzeller, Pflanzen, Tiere und Menschen. Wir beschränken uns auf die Letzteren, um uns nicht zu weit von unserem Thema, dem Atommüll, zu entfernen. Die Wirkungen auf Pflanzen und Tiere sind aber ebenfalls interessant, weil man bei diesen gezielte Bestrahlungsversuche durchführen kann. Deren Ergebnisse sind teilweise, aber mit Vorsicht, auf Menschen übertragbar, bei denen aus ethischen Gründen keine entsprechenden Versuche möglich sind. Allerdings wurden in den Anfangszeiten der Kernforschung auch Menschenversuche gemacht, zum Teil ohne Wissen der Betroffenen [3].

Wird eine Person radioaktiver Strahlung ausgesetzt, so gibt es eine Fülle von Reaktionen des Körpers, angefangen von Hautrötungen („Sonnenbrand") über Erbgutveränderungen und Krebs bis hin zum Strahlentod (Hiroshima, Tschernobyl). Die **Wirkung** W einer solchen **Strahlung** ist im Allgemeinen eine monoton ansteigende Funktion der Dosis D oder H. Aber sie ist ihr nicht direkt proportional, denn unser Körper ist ein begrenztes System. Für ein solches gilt die bekannte **Wachstums-** oder **logistische Funktion** mit einem S-förmigen Verlauf (Abb. 3.2). Diese beginnt bei $D = 0$ annähernd linear, steigt dann schneller, hat einen Wendepunkt bei einer Wirkung W von 50 % und strebt dann zu einer Sättigung bei $W = 100$ %. In der Abbildung ist das für den **akuten Strahlentod** dargestellt, der bei einmaliger Bestrahlung innerhalb einer Woche eintritt (s. Abschn. 3.4). Er erfolgt mit 50-%iger Wahrscheinlichkeit bei einer kurzzeitigen Ganzkörperbestrahlung mit 4,5 Sv, der *letalen Dosis* „LD-50". Dauert die Bestrahlung länger als einen Tag, zieht sie sich etwa bei gleicher Gesamtdosis über eine Woche hin, so kann das körpereigene Selbstheilungssystem einige der Strahlenschäden reparieren bevor sie überhand nehmen. Die Kurve in der Abbildung liegt dann etwas tiefer, LD-50 bei 5 bis 6 Sv.

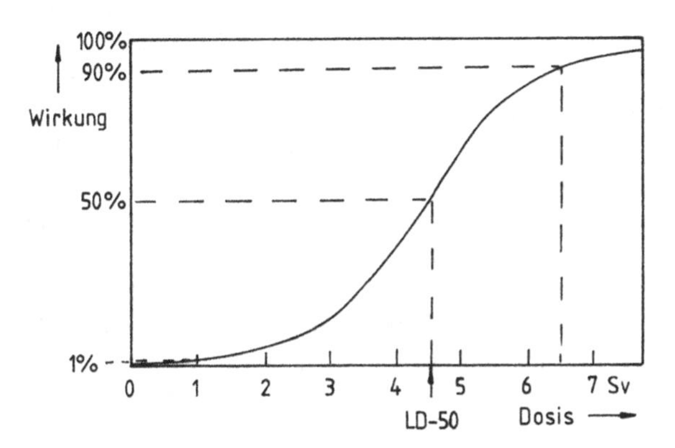

Abb. 3.2 Wirkungs-Dosis-Beziehung. LD-50 ist die Dosis, bei der die Hälfte der Bestrahlten innerhalb von vier Wochen stirbt

3.4 Schadensarten

Für die große Zahl medizinisch bekannter Strahlenschäden hat man eigen Bezeichnungen eingeführt: Man unterscheidet **somatische** und **genetische Strahlenschäden,** außerdem **stochastische** und **deterministische.** Somatische Schäden wirken unmittelbar auf den Organismus der betroffenen Person. Sie führen hauptsächlich zur Verlangsamung der Zellteilung (Mitosehemmung), zu Übelkeit, Erbrechen, Blutbildveränderungen, Hautrötung, Haarausfall, Unfruchtbarkeit und zu Entzündungen aller Schleimhäute. Diese Symptome können bei geringer Dosis, etwa unterhalb 1 Sv in wenigen Wochen wieder abklingen. Bei höherer Dosis führen sie zu langdauernder **Strahlenkrankheit** oder zum akuten **Strahlentod** (s. Abb. 3.2). Bei einer Bestrahlung mit 10 Sv tritt dieser innerhalb von Tagen ein, bei 100 Sv innerhalb von Stunden. Aber eine solche Dosis erhielte man höchstens bei einem Sturz in einen Reaktor oder in ein Abklingbecken (s. Kap. 4). Nicht einmal James Bond würde das überleben! Alle die hier genannten Erscheinungen bezeichnet man als **somatische Frühschäden,** denn sie beginnen unmittelbar nach der Bestrahlung. Im Gegensatz dazu stehen die **somatischen Spätschäden.** Das sind alle Krebsarten, die Leukämie und die Trübung der Augenlinsen (Katarakt), die oft erst viele Jahre nach der Bestrahlung auftreten. Tumore können erst nach 30 Jahren manifest werden, die Leukämie nach bis zu 20 Jahren. Das **Krebsrisiko** für solide Tumore beträgt etwa 10 % pro Sievert, dasjenige für Leukämie etwa 1 %.

Außer den somatischen gibt es die **genetischen Schäden.** Hierbei handelt es sich um Veränderungen des Erbgutes, um **Mutationen,** entweder in Körper- oder in Keimzellen. Die Mutationen sind meist rezessiv, aber zu einigen Prozent auch dominant. Dabei können verschiedene Veränderungen in den Chromosomen stattfinden, wie es in Abb. 3.3 skizziert ist. Eine Einmaldosis von einem Sievert verdoppelt nach heutigen Kenntnissen die **natürliche Mutationsrate.** Und diese beträgt pro Generation etwa 175 der 7 Mrd. Basenpaare der DNS, also jedes 40-millionste Paar. Nur ein kleiner Teil dieser Mutationen wird aber bei den unmittelbaren Nachkommen als Erbschäden erkennbar. Viele Chromosomenschäden führen direkt zum Tod der Zelle. Etwa drei Prozent der Neugeborenen haben Erbkrankheiten aufgrund natürlicher Mutationen. Eine Strahlendosis von einem Sievert für ein Elternteil erzeugt ebenso viele Schäden, nämlich in drei von hundert Lebendgeburten. Das **Mutationsrisiko** beträgt also 3 % pro Sievert.

Es erhebt sich nun die Frage, ob auch sehr kleine Strahlendosen schädlich sind, wie wir sie ständig aus unserer Umwelt und unserem Körper empfangen? Denn das Leben hat sich seit Jahrmillionen an die **natürliche Strahlenbelastung** gewöhnt (s. Abschn. 3.5). Dazu gibt es eine Fülle von Untersuchungen, und es

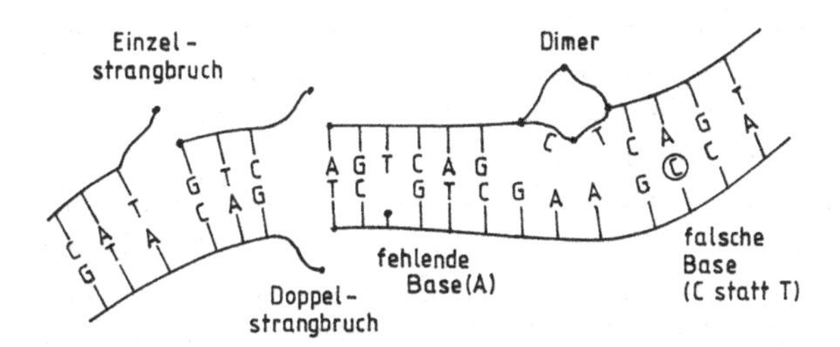

Abb. 3.3 Verschieden Arten von Strahlenschäden an der Erbsubstanz DNS. Durch Wärmeenergie werden täglich etwa 5000 solcher Fehler in jeder Körperzelle erzeugt. Diese werden jedoch durch Reparaturmechanismen zu über 99 % wieder beseitigt. A, C, G und T sind die Nukleinbasen Adenin, Cytosin, Guanin und Thymin

hat sich heraus gestellt, dass unser Körper manche kleinen Strahlenschäden reparieren kann. Solche **Schäden** bezeichnet man als **deterministische.** Eine Grenze für die Dosisleistung unter welcher diese Schäden reparierbar bzw. reversibel sind, liegt bei etwa einem Millisievert pro Jahr. Dies ist eine Empfehlung der Internationalen Strahlenschutzkommission (ICRP), die auf empirischen Befunden beruht. Wenn man mehr erhält, so führt das meist zu bleibenden Schäden an den betroffenen Organen. Für alle Schäden an der Erbsubstanz der Zellen gibt es aber keine solche **Schwellendosis,** unterhalb derer „nichts passiert". Das betrifft vor allem Tumore in Körperzellen und genetische Veränderungen in Keimzellen. Diese Schäden nennt man im Gegensatz zu den deterministischen **stochastische Strahlenwirkungen.** Hier bleibt als jede molekulare Störung erhalten und wird eventuell weiter vererbt.

3.5 Natürliche Strahlenbelastung

Um das Risiko von Strahlenschäden durch den Atommüll abzuschätzen, sollten wir wissen, welchen Strahlenbelastungen wir sonst noch zu verkraften haben. Unser Körper ist seit Jahrmillionen einer natürlichen radioaktiven Strahlung ausgesetzt. Sie kommt zum Einen aus dem Weltraum (kosmische Strahlung), ferner aus der Luft (atmosphärische Strahlung), aus dem Boden (terrestrische Strahlung) sowie aus uns selbst (Körperstrahlung). Wir wollen diese Strahlenarten kurz charakterisieren, denn sie sind ein wichtiges Vergleichsmerkmal für die Strahlenbelastung durch den Atommüll. Die natürliche Strahlung ist unter anderem eine Ursache der natürlichen Mutationsrate und damit unserer genetischen Variabilität (s. Abschn. 3.4). Sie ist also auch nützlich. Zur **natürlichen Strahlung** kommt noch eine **„künstliche“** hinzu, vor allem durch medizinische Maßnahmen in Diagnostik und Therapie (s. Abschn. 3.6).

Die **kosmische Strahlung** besteht in der unteren Atmosphäre vor allem aus hochenergetischen Elektronen und Myonen. Ihre Dosisleistung beträgt in Deutschland im Mittel 0,3 Millisievert (mSv) pro Jahr. Sie nimmt mit der Höhe stark zu, bis in 10 km Höhe auf das Hundertfache. Bei einem Transatlantikflug erhält man etwa 0,02 mSv, auf der Raumstation ISS bekommen die Astronauten 30 mSv pro Jahr. Das ist schon nicht mehr unbedenklich. Und bei einer 200-tägigen Reise zum Mars würden sie zwischen 1 und 5 Sv erhalten, je nach Sonnenaktivität. Das wäre nach Abb. 3.2 ein Fünftel bis ein Ganzes der LD-50-Dosis. Solche Strahlendosen ließen sich nur durch einen 10 cm dicken Bleipanzer des Raumfahrzeugs auf ein Hundertstel reduzieren, was wegen des Gewichts für die Raumfahrt aber illusorisch ist. Man weiß aus Beobachtungen, dass ein großer Teil der kosmischen Strahlung von der Sonne kommt, und dass unsere Atmosphäre uns davor abschirmt. Ungeschützt im Weltraum wären wir schnell verloren.

Die **terrestrische Strahlung** beruht auf den in der Erde enthaltenen radioaktiven Elementen, hauptsächlich Kalium, Uran und Thorium. Ihre Alphastrahlung wird vollständig im Boden absorbiert. Die Betastrahlung aus den obersten 10 cm des Bodens reicht in der Luft etwa 2 m weit, die Gammastrahlung bis zu 100 m. Dadurch erhält man in Deutschland etwa 0,4 mSv pro Jahr. Es gibt aber Gegenden mit bis zu 1000-mal höherer Dosisleistung, zum Beispiel in Indien, Brasilien und im Iran. Dort enthalten die Böden Monazitsand mit einem Gemisch aus Thorium und radioaktiven Seltenen Erden. Dass die Menschen dort nicht an akuter Strahlenkrankheit sterben, hat wahrscheinlich mit deren niedriger Lebenserwartung zu tun.

In der Bodenluft befinden sich auch das Edelgas **Radon** und seine ebenfalls radioaktiven Folgeprodukte. Es entsteht durch den Zerfall des in der Erde enthaltenen Thoriums und Urans. Das Radon sendet Alphastrahlen mit einer Energie von 5,5 und 6,3 MeV und einer Halbwertszeit von 55 s und 3,8 Tagen aus. Durch diese **atmosphärische Strahlung** erhalten wir in Deutschland eine Jahresdosis von im Mittel 1,4 mSv, etwa dreimal so viel wie direkt aus dem Erdboden. Das Radon entsteht aber auch im Baumaterial unserer Häuser, in Ziegeln, Sand, Beton usw. In einer schlecht gelüfteten Wohnung kann dabei die Jahresdosis bis auf 100 mSv ansteigen. Hält man sich dauernd darin auf, so erwirbt man ein 2,5-%iges Lungenkrebsrisiko. Etwa 10 % aller Lungenkrebsfälle dürften diese Ursache haben, die übrigen 90 % aber das Rauchen, die Autoabgase usw.

Als letzte natürliche Strahlenquelle betrachten wir noch **unseren** eigenen **Körper.** Hier ist es vor allem das radioaktive Element Kalium, von dem wir etwa 150 g in unseren Organen haben. Das darin zu 0,01 % enthaltene Isotop Kalium-40 liefert eine Betastrahlung mit 4500 Zerfällen pro Sekunde, bei einer Energie von 1,3 meV und einer Halbwertzeit von 1,3 Mrd. Jahren. Die davon empfangene Strahlendosis beträgt 0,17 mSv pro Jahr. Und von anderen radioaktiven Stoffen in unserem Körper kommen noch einmal 0,15 mSv dazu. Damit werden in unserem Körper in jeder Sekunde 5 bi10 Mill. Moleküle ionisiert bzw. im Jahr jedes Zehnmilliardenste. Mit dieser Strahlenbelastung wird unser Körper ebenso fertig wie mit der kosmischen, terrestrischen und atmosphärischen. Wir haben offenbar ein sehr effektives Selbstheilungs- oder Reparatursystem. Man nimmt an, dass etwa 3 % der natürlichen Mutationsrate strahleninduziert sind.

3.6 „Künstliche" Strahlenbelastung

Die sogenannte technische oder künstliche Strahlenbelastung erhalten wir vor allem durch medizinische Maßnahmen in Diagnose und Therapie. Sie liefern insgesamt in Deutschland einen etwa ebenso hohen Beitrag wie die natürlichen Quellen zusammen, nämlich etwa 2 mSv pro Person und Jahr. In der Medizin werden in drei Bereichen ionisierende Strahlen benutzt, bei der Röntgendiagnostik, bei nuklearmedizinischen Untersuchungen und in der Strahlentherapie. Röntgenstrahlen sind elektromagnetische Wellen ähnlich den Gammastrahlen, nur mit zehnmal kleinerer Energie. Bei einer Lungenaufnahme erhält man dadurch etwa 0,03 mSv, bei einer Mammographie 0,5, bei einer Knochenaufnahme 1,0 und bei einer Computertomographie (CT) 5 bis 20 mSv. Der letztere Wert ist schon nicht mehr ganz unbedenklich, denn er entspricht dem Zehnfachen der natürlichen Jahresdosis bzw. der maximal zulässigen Dosis für beruflich strahlenexponierte Personen. Das Krebsrisiko beträgt bei 20 mSv etwa 0,2 %. Man sollte mit der röntgenbasierten Computertomographie also sparsam sein. In der Nuklearmedizin werden radioaktive Elemente wie Iod und Technetium verwendet. Das betrifft jedoch nur eine sehr kleine Bevölkerungsgruppe, ebenso wie die Strahlentherapie. Bei dieser entstehen in dem bestrahlten Gewebe allerdings bis zu 70 Sv pro Behandlung, wobei praktisch alle Krebszellen abgetötet werden. Im umgebenden gesunden Gewebe können dabei aber mit gewisser Wahrscheinlichkeit neue entstehen, jedoch mit einem kleineren Risiko als mit der des primären Tumors.

Fassen wir die Strahlenbelastung aus natürlichen und künstlichen Quellen zusammen, so kommen wir in Deutschland auf etwa 4 Millisievert pro Jahr

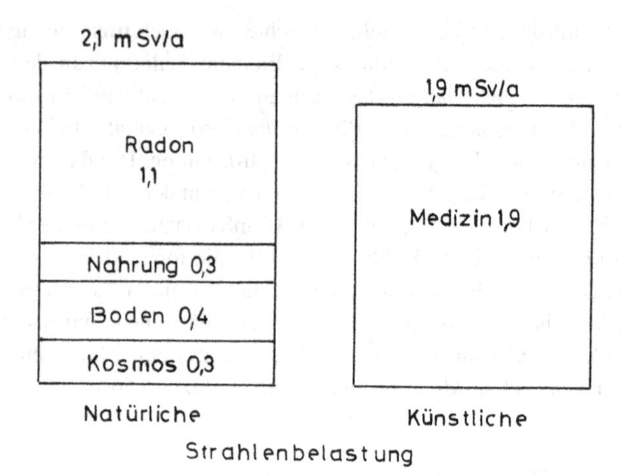

Abb. 3.4 Natürliche und künstliche Strahlenbelastung

(Abb. 3.4). Wir können nun diese 4 Millisievert als Referenzgröße verwenden wenn wir im Folgenden die Strahlenbelastung durch den Atommüll betrachten.

Der Atommüll 4

Im zweiten Kapitel haben wir die gefährlichsten Abfälle der Kernenergietechnik kennengelernt: verbrauchte Brennelemente aus Uran sowie die darin enthaltenen Spaltprodukte und Transurane. Zu diesen Abfällen kommen radioaktive Stoffe aus dem Bau- und Betriebsmaterial der Reaktoren hinzu sowie aus Technik, Forschung und Medizin. Diese Substanzen sind aber im Allgemeinen weniger stark aktiv als die Brennelemente. Ihre Entsorgung ist daher nicht so problematisch. Wir besprechen in diesem Kapitel zunächst die verbrauchten Brennelemente, ihre Zusammensetzung, ihre Strahlung und ihre Handhabung bis zur gegenwärtigen Lagerung. Anschließend betrachten wir die Entsorgung der schwächer aktiven Abfälle. Schließlich besprechen wir die Methoden zur Trennung, Isolierung und Umwandlung hoch aktiver Abfälle.

4.1 Brennelemente

Ein Brennelement, wie es in Abb. 2.4(2)c dargestellt ist, wird im Reaktor etwa drei Jahre lang genutzt. Dann ist sein Uran-235-Gehalt von 3,3 % auf 0,86 % gesunken. Die Differenz wurde zur Energiegewinnung gebraucht und in Spaltprodukte umgewandelt. Danach ist der Uran-235-Gehalt zu niedrig, um noch wirtschaftlich Energie zu liefern. Während des Brennens entsteht in den 500 kg Uran des Elements eine Wärmeleistung von 20.000 kW, die mit dem Kühlwasser und an die Turbine abgeführt wird. Die erzeugten Spaltprodukte ($\approx$16 kg) und Transurane ($\approx$7 kg) liefern nach dem Ausbau des Brennelements einen Aktivitätsverlauf wie in Abb. 4.1. Diese Aktivität ist, wie schon besprochen, vielfach lebensgefährlich. Die Abb. 4.2 zeigt, in welchem Abstand von einem solchen Brennelement man in welcher Zeit welche Strahlendosis erhält. Stellt man sich ein Jahr nach Brennschluss in 1 m Abstand ungeschützt daneben, so erhält man

K. Stierstadt, *Atommüll – die teure Erbschaft*, essentials,
https://doi.org/10.1007/978-3-662-64726-4_4

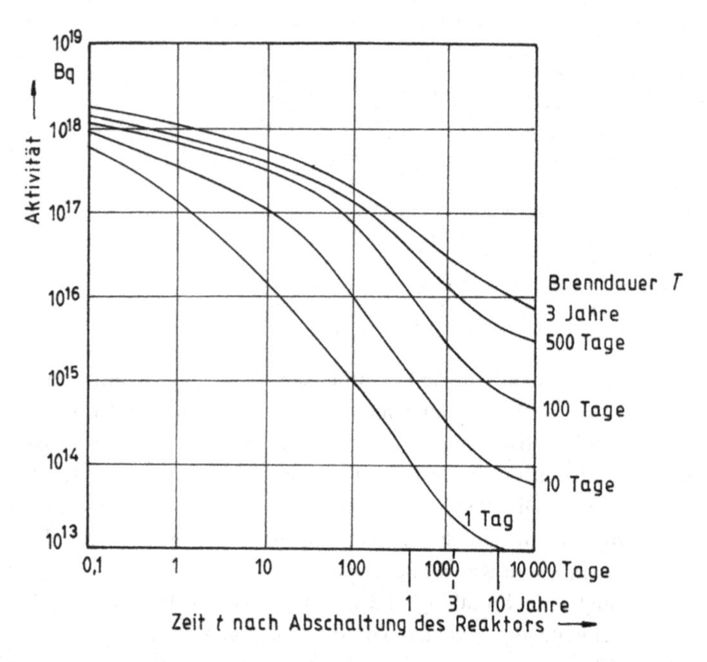

Abb. 4.1 Aktivitätsverlauf eines verschiedene Zeiten T lang mit einer Leistung von 20 MW genutzten Brennelements als Funktion der Zeit nach der Entnahme aus dem Reaktor

die tödliche Dosis LD-50 (4,5 Sv, s. Abb. 3.2) schon in etwa einer Minute! Auch nach 50 Jahren sind 20 min Aufenthalt in 1 m Abstand noch tödlich. Hiermit wird klar, warum der Reaktorbetrieb so gefährlich ist, und warum die Brennelemente nur fernbedient gehandhabt werden können.

Will man sich vor dieser Strahlung schützen, so muss man das Brennelement mit meterdicken Schichten aus Eisen, Blei oder Beton umgeben, worin die Strahlung absorbiert und in Wärme umgewandelt wird. Das Brennelement wird jedoch durch seine eigene Strahlung im Innern so heiß, dass es gekühlt werden muss. Seine Wärmeleistung beträgt anfangs 28 kW und sinkt im Lauf der Zeit gemäß Abb. 4.3. Würde es nicht gekühlt, so würde das Uranoxid innerhalb von 6 h schmelzen und in weiteren 12 h verdampfen. Heiße Lava ist nichts dagegen! Man muss also kühlen, und zwar 5 bis 10 Jahre lang in einem mit Wasser gefüllten **Abklingbecken** und anschließend noch 30 bis 50 Jahre mit Luft in einem **Zwischenlager** (s. Abb. 4.5). Erst dann kann man das Brennelement wirklich entsorgen. Die starke Strahlung muss in beiden Kühlperioden durch genügend

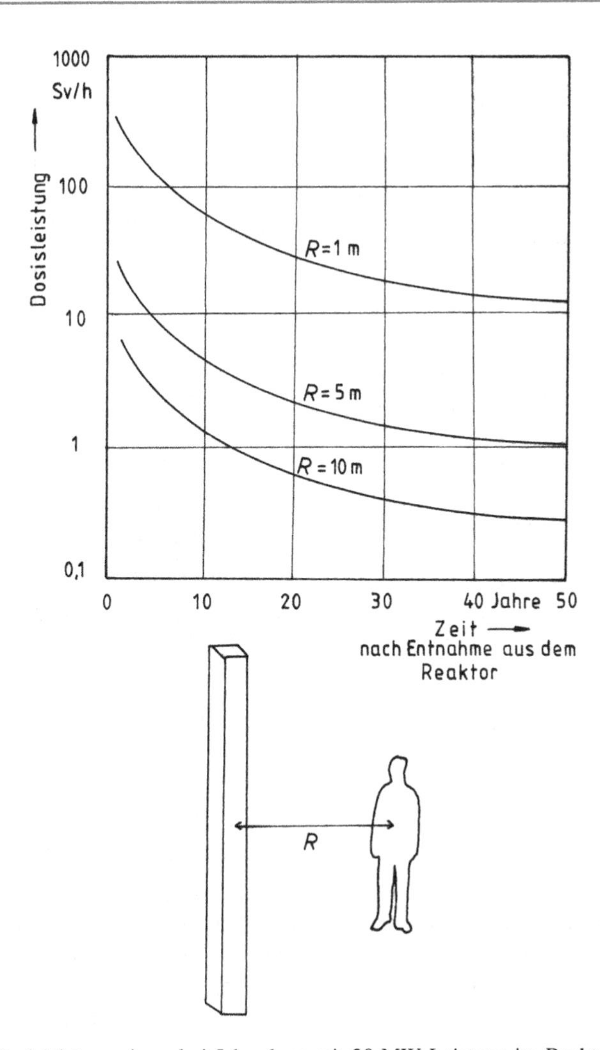

Abb. 4.2 Dosisleistung eines drei Jahre lang mit 20 MW Leistung im Reaktor genutzten Brennelements als Funktion der Zeit bei verschiedenen Abständen *R*

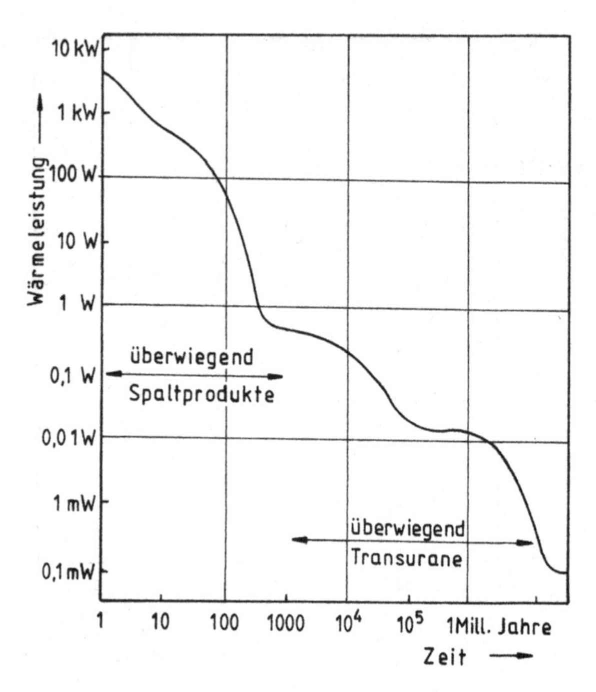

Abb. 4.3 Wärmeleistung eines drei Jahre lang mit 20 MW genutzten Brennelements nach seiner Entnahme aus dem Reaktor

dicke Materieschichten abgeschirmt werden. In einem Abklingbecken geschieht das durch das umgebende Wasser, das wegen Verdunstung dauernd ersetzt werden muss. Diese Abklingbecken befinden sich in den Kernkraftwerken dicht bei den Reaktoren. Eines hat Platz für etwa 700 Brennelemente aus 10 Betriebsjahren. Dort ist jedes Brennelement von 50 bis 100 cm Wasser umgeben, das mittels Umwälzpumpen bewegt wird. Die dabei abgeführte Wärme wird in Kühltürme oder in Flüsse und damit in die Umwelt geleitet. Diese Wärmeenergie ist beträchtlich, sie wird aber fast nirgendwo als Fernwärme oder Prozesswärme weiter genutzt. Eine riesige Energieverschwendung!

4.2 Abfalllagerung

Nimmt man ein Brennelement nach 10 Jahren aus dem Abklingbecken, so hat seine Wärmeleistung auf etwa 800 W abgenommen, und es kann nun an Luft weiter gekühlt werden. Seine radioaktive Strahlung ist aber immer noch sehr gefährlich, 50 Sv pro Stunde in 1 m Abstand (LD-50 in 10 min). Diese Strahlung lässt sich durch eine Schicht von 50 cm Eisen auf ein erträgliches Maß abschirmen, auf 0,1 mSv/h in 1 m Abstand. Das geschieht, indem man die Brennelemente in große dickwandige Stahlbehälter verpackt, die von außen mit Luft gekühlt werden, sogenannte **Castoren** (englisch: ***ca****sk for* ***s****torage and* ***t****ransport* ***o****f* ***r****adioactive materials*). Die Abb. 4.4 zeigt einen solchen Castor im Schnitt. Er ist 5 bis 6 m hoch, hat 2,50 m Außendurchmesser und wiegt etwa 125 t. In der 50 cm dicken Stahlwand befindet sich eine Schicht aus Polyethylenstäben

Abb. 4.4 Schnittzeichnung eines Castorbehälters. (Foto: Gesellschaft für Nuklear Service GNS)

zur Neutronenabsorption. Ein solcher Castor kann mit 19 verbrauchten Brennelementen gefüllt werden, die eine Gesamtaktivität von höchstens 10^{18} Bq haben dürfen. Die Strahlendosis an der Außenwand beträgt dann noch 0,35 mSv pro Stunde. Ein Beschäftigter darf nicht länger als eine Stunde pro Woche an einem solchen Behälter arbeiten, um seine maximal erlaubte Jahresdosis von 20 mSv nicht zu überschreiten. Im Inneren wird der Castor noch bis zu 370°C heiß, an der mit Kühlrippen versehenen Außenwand noch bis zu 100°C. Weil die Abfälle in Castoren oft über weite Strecken transportiert werden müssen, sind diese sehr robust gebaut. Zur Sicherheit müssen sie einen Sturz aus 9 m Höhe auf Beton aushalten und ein halbstündiges Feuer von 800°C. Nach ihrer Befüllung werden die Castoren in sogenannte **Zwischenlager** gebracht, wo sie 50 Jahre lang an Luft abkühlen können, und wo ihre Aktivität weiter abnimmt. Die Abb. 4.5 zeigt einen Blick ein Zwischenlager, in dem Platz für einige hundert Castoren ist. Ausser dem Castor gibt es noch ähnliche Behälter namens **Pollux.** In diesen werden nicht ganze Brennelemente, sondern nur die Brennstäbe selbst deponiert (s. Abb. 2.4(2)b). Dadurch spart man Platz in einem Endlager.

Wenn die Aktivität in einem Castor auf unter 10^{17} Bq abgenommen hat und die Wärmeleistung auf etwa 4 kW, dann kann der Abfall in einem **Endlager** auf

Abb. 4.5 Blick in das Zwischenlager Gorleben. (Foto: GNS von 2008)

Dauer deponiert werden (s. Kap. 5). Das heißt, er muss tief in der Erde versenkt werden, sodass in den kommenden eine Millionen Jahren (!) keine Aktivität von dort in die Umwelt gelangen kann, zum Beispiel über das Grundwasser. Nach Abb. 2.3 ist die Aktivität eines Brennelements ja erst nach 10 Mill. Jahren auf 10^{11} Bq abgeklungen. Das ist die zehnfache Aktivität von unverbrauchtem Uran im Brennelement. Diese liefert zwar immer noch eine Dosisleistung von 10 mSv pro Tag in 1 m Abstand. Aber man kann den Abfall dann schon einmal anfassen, wenn auch mit Vorsicht – falls in 10 Mill. Jahren noch jemand da ist, den das interessiert.

Leider gibt es in Deutschland noch kein Endlager. Und auf der ganzen Welt ist es ebenso, außer in Finnland. In Frankreich und in Schweden ist je eines im Bau. Und in den USA gibt es eines für die militärischen Abfälle aus der Atomwaffenproduktion. Das finnische Lager befindet sich auf der Insel Olkiluoto an der Westküste in 400 m Tiefe in Granitgestein. Es soll etwa 10.000 verbrauchte Brennelemente aus den 4 finnischen Kernkraftwerken aufnehmen, den Abfall von 50 Jahren. Die Abfälle werden dort in Stahlkontainern gelagert, die mit einem 10 cm dicken Kupfermantel umgeben sind, um sie möglichst lange vor Korrosion zu schützen. Wie lange dieser Schutz eindringendem Wasser standhalten wird, das weiß man aber nicht; vermutlich nicht viel länger als etwa 10.000 Jahre. Noch nicht so weit fortgeschritten ist der Bau des französischen Endlagers in Bure (Department Meuse) in Tonsandstein in 500 m Tiefe. Ähnlich ist es in Schweden, wo ein Endlager in Forsmark an der Ostküste geplant ist, 500 m tief in Granitgestein. In allen anderen Ländern mit Kernenergietechnik ist man noch beim Diskutieren ob, wann und wo ein Endlager gebaut werden soll, auch in Deutschland ist man noch nicht weiter (s. Kap. 6).

4.3 Schwächer aktive Abfälle

Bisher haben wir vorwiegend die stark aktiven Abfälle aus der Uranspaltung betrachtet, die sich in den verbrauchten Brennelementen befinden. Bei der Kernenergietechnik fallen aber noch andere radioaktive Abfälle an. Das sind vor allem die Bau- und Betriebsstoffe der Kernrektoren, Stahl, Beton, Wasser usw. Die Atomkerne dieser Materialien fangen Neutronen aus dem Reaktor ein oder werden durch Gammastrahlen angeregt und werden dann selbst radioaktiv. Dabei entstehen zum Beispiel Tritium, Kohlenstoff-14, Stickstoff-16, Natrium-24, Aluminium-28, Eisen-59, Cobalt-60 usw. Alle diese Isotope sind beta- und gammaaktiv mit Halbwertszeiten zwischen Minuten und 10 Jahren. Auch sie müssen entsorgt werden. Hinzu kommen die radioaktiven Abfälle aus Technik,

Forschung und Medizin und der Uranverarbeitung. Die meisten dieser Abfälle haben wesentlich kleinere spezifische Aktivitäten als die der Brennelemente, nämlich weniger als etwa 10^{14} Bq/m^3. Man unterscheidet **mittel aktive Abfälle** (10^{11} bis 10^{14} Bq/m^3), die zwar strahlenmäßig abgeschirmt werden müssen, aber im Allgemeinen keine separate Kühlung mehr brauchen. Dann gibt es die **schwach aktiven Abfälle** ($<10^{11}$ Bq/m^3), die man in dünnwandigen Behältern transportieren und lagern kann. Auch diese Abfälle müssen aber natürlich unter Verschluss gehalten und sorgfältig deponiert werden. Sie dürfen nicht in die Umwelt gelangen, denn sie erzeugen bei Kontakt mit dem Körper Dosisleistungen von bis zu 100 mSv pro Stunde. Das äußert sich in der akuten Strahlenkrankheit (s. Kap. 3). Die anfallenden Mengen von schwach und mittel aktiven Abfällen sind beträchtlich: Während in Deutschland etwa 10.000 t hoch aktiver Brennelemente auf ihre Endlagerung warten, ist es bei den schwach- und mittel aktiven die zehnfache Menge. Bisher wurden und werden diese Abfälle noch teils bei den Verursachern oder in Sammelstellen gelagert. Einen großen Teil davon hat man jedoch in stillgelegten Bergwerksstollen in Norddeutschland untergebracht, in Asse, in Morsleben oder im Schacht Konrad (s. Abschn. 6.2). Dort waren sie bis vor Kurzem einigermaßen sicher. Doch gibt es im Bergwerk Asse verschiedene Wassereinbrüche. Die dort lagernden 130.000 Atommüllfässer müssen geborgen und wo anders gelagert werden. Es sind etwa $5 \cdot 10^{15}$ Bq Aktivität, darunter Reste von Plutoniumverbindungen, und die Verlegung soll 2 bis 4 Mrd. € kosten.

Hier ist noch ein Hinweis auf die weltweit **illegale Entsorgung** radioaktiver Abfälle angebracht. In der Vergangenheit hat man riesige Mengen davon in die Flüsse und ins Meer geleitet. Heute lässt sich das in den Europa umgebenden Seegebieten schon überall nachweisen. Besonders viel entsorgen die Betreiber der Wiederaufarbeitungsanlagen (s. Abschn. 4.4) bei Sellafield (England) in die Irische See und bei La Hague (Frankreich) in den Ärmelkanal. Dort fließen täglich rund 400 m^3 mittel aktives Abwasser hinein. Kanalschwimmer und Fischer müssen einen großen Bogen darum herum machen. Trotzdem kann man in der Nordsee heute noch baden. Man schätzt, dass außerdem mehrere hunderttausend Tonnen fester radioaktiver Abfälle in die Weltmeere versenkt wurden, darunter ganz Reaktoren, und zahllose verbrauchte Brennelemente. Heute lassen sich die darin enthaltenen Substanzen wir Caesium-137, Strintium-90, Plutonium usw. in fast allen Meeren nachweisen.

4.4 Wiederaufarbeitung

Angesichts der hohen Kosten einer sicheren unterirdischen Endlagerung und angesichts der wachsenden Gefährlichkeit der vielen oberirdischen Zwischenlager versuchte man die Masse des Atommülls zu reduzieren. Das geht, indem man die radioaktiven Spaltprodukte und Transurane aus den verbrauchten Brennelementen herauslöst, denn ihr Volumen macht nur 2 bis 3 % derselben aus. Dann braucht man viel weniger Platz für die Endlagerung. Das Abtrennen der hoch aktiven Bestandteile ist mit chemischen Methoden möglich, aber es ist aufwendig, teuer und produziert weitere schwach aktive Abfälle, die entsorgt werden müssen. Das Verfahren hat immerhin zwei Vorteile: Man kann dabei Plutonium für neue Brennelemente gewinnen, leider aber auch für Atomwaffen! Und das übrig bleibende Uran ist von hochaktiven Beimengungen weitgehend befreit und kann wieder als neuer Brennstoff verwendet werden.

Solche **Wiederaufarbeitungsanlagen (WAA)** gibt es in mehreren Ländern, die mit Kernenergie arbeiten. Es sind riesige, zum Teil unterirdische, chemische Fabriken, in denen die analytischen Verfahren durchgeführt werden. Eine solche Prozessstraße ist bis zu 100 m lang und muss wegen der starken radioaktiven Strahlung vollständig fernbedient betrieben werden. Die Bestandteile der Brennelemente werden hier zunächst in heißer Salpetersäure gelöst. Als Extraktionsmittel dienen dann unter anderem organische Phosphate und Kohlenwasserstoffe. Die entstehenden Metallkomplexe werden in bis zu 100 Schritten weiter separiert. Als Ergebnis erhält man schließlich etwa 50 verschiedene Elemente, Spaltprodukte und Transurane in ziemlich reiner Form. Dabei werden große Mengen flüssiger Lösungsmittel verbraucht, die mehr oder weniger radioaktiv sind. Sie müssen entsorgt werden, entweder in Feststoffe umgewandelt in Deponien gelagert oder als Flüssigkeiten ins Meer geleitet. In Westeuropa gibt es zur Zeit nur zwei Wiederaufarbeitungsanlagen, in Sellafield an Englands Westküste und in La Hague am französischen Atlantik. In beiden werden die Abfälle aus verschiedenen europäischen Ländern verarbeitet. Beim bayerischen Ort Wackersdorf, direkt an der tschechischen Grenze, war in den 1980-er Jahren eine deutsche Wiederaufarbeitungsanlage geplant. Das Projekt musste jedoch wegen der heftigen Proteste der Bevölkerung 1989 aufgegeben werden.

Die Produkte der Wiederaufarbeitung können in vielfacher Weise weiter verwendet werden: Das übrig bleibende Uran wird für neue Brennelemente benutzt, doch ist es sehr teuer, etwa 10.000 Euro pro Kilogramm, während Natururan nur ca. 50 bis 100 Euro kostet. Trotz dieses hohen Preises könnte das recycelte Uran wieder einmal interessant werden. Nämlich dann, wenn die bekannten natürlichen

Uranvorräte zu Ende gehen, was beim heutigen Verbrauch in etwa hundert Jahren der Fall sein wird. Verschiedene Spaltprodukte können in Technik, Forschung und Medizin verwendet werden, aber der überwiegende Teil wird als konzentrierter hoch aktiver Abfall weiter entsorgt. Das gewonnene Plutonium wird für neue Brennelemente benutzt, sogenannte Mischoxid-Elemente (MOX) mit 10 % Plutonium und 90 % Uran. Oder es werden Atomwaffen daraus hergestellt. Die ersten Wiederaufarbeitungsanlagen dienten allein diesem Zweck. Mit den meisten anderen Transuranen kann man nicht viel anfangen. Sie sind wegen ihrer starken Alphastrahlung besonders gefährlich und müssen, wie die Spaltprodukte weiter entsorgt, das heißt endgelagert werden.

Alle diese konzentrierten und stark radioaktiven Stoffe sind zunächst in flüssiger Form vorhanden. Ihr Volumen beträgt nur noch 3 bis 5 % des ursprünglichen Urans und ihre Aktivität bis zu 10^{18} Bq/m^3. Zur vorgesehenen Endlagerung werden sie zunächst durch Eindampfen verfestigt, dann fein gemahlen und mit Glaspulver vermischt. Das Gemisch wir aufgeschmolzen und in sogenannte **Kokillen** gegossen. Das sind Stahlbehälter von 1,5 m Länge und 50 cm Durchmesser, die etwa 400 kg enthalten. So eine Kokille fasst die Spaltprodukte und Transurane von 3 bis 4 verbrauchten Brennelementen. Die Kokillen werden durch ihre starke Strahlung im Inneren bis zu 400°C heiß und müssen zunächst 5 bis 10 Jahre in Wasser gekühlt werden. Dann kommen sie in Castor- und Polluxbehälter und in ein Zwischenlager, wo 20 bis 30 Jahre mit Luft weiter gekühlt wird. Erst dann können sie endgültig entsorgt werden. Insgesamt lagern in Deutschland etwa 8000 solcher Kokillen und warten auf ein Endlager.

4.5 Elementumwandlung (Transmutation)

Wie eingangs erwähnt, lässt sich die radioaktive Strahlung von Atomkernen durch keine bekannte physikalische oder chemische Methode beeinflussen oder gar verhindern. Man ist daher auf die Idee gekommen, radioaktive Atome durch Elementumwandlung in ungefährliche, schwächer strahlende oder stabile Isotope zu überführen, die sogenannte **Transmutation.** Das geht im Prinzip, indem man die Atomkerne mit schnellen Neutronen beschießt. Was dabei herauskommt, ist aber teilweise Glückssache, denn man schießt sozusagen ins Blaue. Es gibt nur wenige Atomkerne, bei denen durch dieses Verfahren wirklich stabile oder schwächer aktive Nuklide entstehen. Beispiele sind Technetium-99 (beta- und gammaaktiv, HWZ 300.000 a), das durch Einfang eines Neutrons in stabiles Ruthenium-100 übergeht, und Iod-129 (beta- und gammaaktiv, HWZ 16 Mill. Jahre), das zu stabilem Xenon-130 wird. Andere Beispiele sind die Transurane mit ihren energiereichen Alphastrahlen und sehr langen Halbwertzeiten von mehreren Millionen Jahren. Aus diesen entsteht bei Neutronenbeschuss das normale Spektrum von Spaltprodukten wie beim Uran mit im Durchschnitt kürzeren Halbwertszeiten (s. Abb. 2.3). Man müsste diese dann nicht so lange lagern wie die Transurane, nämlich nur einige zehntausend anstatt Millionen Jahre.

Zur Transmission braucht man schnelle Neutronen mit Energien von 1 MeV und mehr. In den üblichen Kraftwerksreaktoren überwiegen dagegen die langsamen Neutronen von einigen eV, wie man sie zur Spaltung von Uran-235 braucht. Daher kann man die zu transformierenden Stoffe nicht einfach in einen Kraftwerksreaktor einbringen. Man kann jedoch schnelle Neutronen in genügender Zahl erzeugen, indem man einen Protonenstrahl aus einem Teilchenbeschleuniger auf ein Target aus Blei oder Bismut schießt. Aus deren Atomkernen stoßen die Protonen dann Neutronen mit hoher Energie heraus. Und diese lenkt man dann auf die zu transmutierenden Elemente. Allerdings müssen diese erst in einer Wiederaufarbeitungsanlage von dem übrigen Abfall getrennt werden. Das ganze Verfahren ist also sehr aufwendig (Abb. 4.6): Man braucht eine Wiederaufarbeitungsanlage, einen Teilchenbeschleuniger und ein gut gekühltes Target. Jedes davon kostet Milliarden. Eine Versuchsanlage namens **Myrrha** (***M***ulti-purpose hybrid ***R***esearch ***R***eactor for ***H***igh-tech ***A***pplications) ist im belgischen Kernforschungszentrum Mol im Bau. Sie soll etwa 10 Mrd. Euro kosten und 2025 fertig werden. Allerdings wird ihre Leistung nicht überwältigend sein, etwa 1 kg transformierte Substanz pro Tag; Kostenpunkt etwa 2,5 Mill Euro! Allein in Frankreich werden aber täglich mehr als 150 kg Spaltprodukte und Transurane erzeugt, wovon jetzt tausende Tonnen auf Halde liegen. Die Hoffnung, die man auf diese Art der Elementumwandlung gesetzt hat, wird sich also nicht sobald erfüllen. Der moderne „Stein der Weisen“ ist einfach viel zu teuer.

4.6 Zusammenfassung „Atommüll"

Wir haben nun einen Überblick über die verschiedenen Arten des Atommülls, seine Eigenschaften und seine Entsorgungsmöglichkeiten gewonnen (Abb. 4.7). Was noch fehlt, ist das allerwichtigste Glied in dieser Kette, das **Endlager.** Die damit verbundenen Probleme werden in den folgenden beiden Kapiteln besprochen. Sie sind teils geologischer, teils finanzieller und teils bevölkerungspolitischer Art. Zur Zeit befinden sich die deutschen Abfälle, nämlich 15.000 t hochaktiven Materials, in 16 oberirdischen Zwischenlagern und strahlen dort vor sich hin. Sie sind zwar gut bewacht und gut gegen technisch vorhersehbare

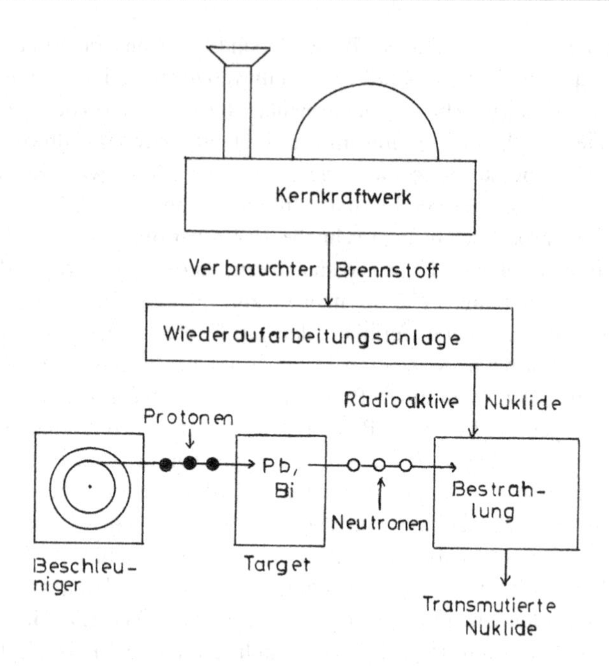

Abb. 4.6 Schema zur Transmutation radioaktiver Elemente

Unfälle gesichert. Aber gegen Naturkatastrophen, totale Stromausfälle, Flugzeugabstürze, Terrorismus und Kriegshandlungen gibt es keinen ausreichenden Schutz. Ein solches Schadensereignis könnte dem GAU in einem Kernkraftwerk ähnlich sein. Denn die Radioaktivität eines einzigen gut gefüllten Castorbehälters ist etwa zehnmal so groß wie die in Tschernobyl frei gewordene! Die Kosten eines solchen GAUs gehen in die Billionen, wie auch in Fukushima.

Es ist daher dringend geboten, so schnell wie möglich ein deutsches Endlager zu errichten.

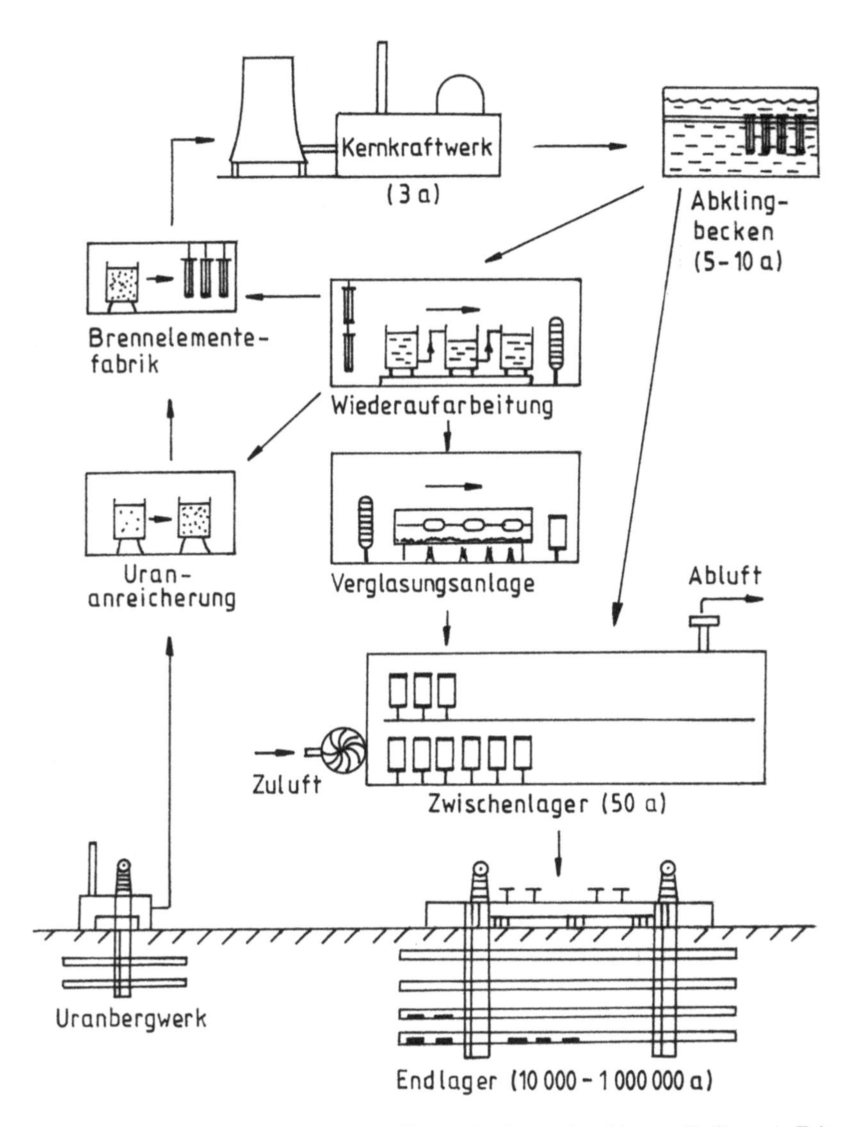

Abb. 4.7 Der Kreislauf des Kernbrennstoffs von der Lagerstätte bis zum Endlager (a Zeit in Jahren)

5 Das Endlager

Vollständig entsorgt ist der Atommüll erst dann, wenn er so untergebracht ist, dass er nicht stört, und dass man sich nicht mehr um ihn kümmern muss. Man sollte ihn am besten so tief in der Erde vergraben, dass man nichts mehr von ihm merkt, und zwar für Millionen Jahre (s. Abb. 2.3). Denn von der Erde los werden kann man ihn nicht. Der Vorschlag, den Müll in den Weltraum zu schießen, ist utopisch, denn das wäre viel zu teuer. Mit modernen Großraketen kostet jedes Kilogramm 20.000 Euro. Und um den weltweiten Abfall wegzuschießen, bräuchte man an jeden Tag zehn Großraketen mit je zehn Tonnen Nutzlast! Es wäre auch nicht opportun, die Abfälle im Weltmeer zu entsorgen. Man kann abschätzen, was passiert, wenn sich alles auflöst und gleichmäßig in den Ozeanen verteilt. Dann hätte man schon in einem Jahr ein Drittel des von der EU als zulässig erklärten Grenzwerts für Trinkwasser erreicht, nämlich 0,1 mSv pro Jahr.

Wir besprechen in diesem Kapital zunächst die Sicherheitsanforderungen an ein Endlager, dann die Eigenschaften der dafür infrage kommenden Gesteinsschichten und schließlich das Kosten- und das Vermittlungsproblem.

5.1 Anforderungen an ein Endlager

Ein unterirdisches Endlager muss folgenden Sicherheitsanforderungen genügen:

- Strahlensicherheit: Es darf keine unzulässige Strahlenbelastung an der Oberfläche oder im Grundwasser geben, und das für 1 Mill. Jahre.
- Wärmesicherheit: Das umliegende Wirtsgestein darf durch die Wärmewirkung des Abfalls in Verbindung mit der radioaktiven Strahlung nicht beschädigt werden, nicht schmelzen oder wasserdurchlässig werden.

K. Stierstadt, *Atommüll – die teure Erbschaft,* essentials,
https://doi.org/10.1007/978-3-662-64726-4_5

- Rückhaltesicherheit: Die Abfallbehälter müssen möglichst lange dicht bleiben. Und wenn sie korrodiert sind, darf der Inhalt durch Wasserzutritt nicht aufgelöst oder suspendiert werden, damit möglich nichts davon ins Grundwasser gelangt.
- Geologische Sicherheit: Die Lagerstätten dürfen nicht durch Erdbeben, Vulkanismus, Gesteinsverschiebungen usw. verlagert, beschädigt oder zerstört werden.
- Rückholbarkeit: Die Abfälle sollten etwa 500 Jahre lang zurückgeholt werden können. Und zwar für den Fall, dass uns bis dahin einfällt, wie wir sie sinnvoll nutzen oder wie wir sie weitgehend in nicht strahlende Stoffe umwandeln könnten.

Wir besprechen diese Sicherheitsanforderungen nun der Reihe nach ausführlich.

5.2 Strahlensicherheit eines Endlagers

Die radioaktive Strahlung aus einem Endlager soll so gut abgeschirmt werden, dass sie in der Umgebung keinerlei Schäden anrichtet. Das könnte zum Beispiel durch eine genügend dicke Betonschicht geschehen. Dazu bräuchte man die Abfälle auch gar nicht tief in die Erde zu versenken, sondern man könnte sie an der Oberfläche hinter einige Meter dicken Betonwänden aufbewahren. Das hätte aber zwei Nachteile: Erstens wird Beton mit der Zeit durch Wettereinflüsse brüchig und porös, besonders aber durch die Wärmeentwicklung der Abfälle und ihre ionisierende Strahlung. Das dauert zwar einige Jahrzehnte, aber irgendwann muss der Beton dann ersetzt werden. Auch ist er durch die Dauerbestrahlung selbst radioaktiv geworden. Schon die natürlichen Folgen von Niederschlägen, Luftsauerstoff und Luftschadstoffen begrenzen die Lebensdauer von Beton auf etwa hundert Jahre. Der zweite Nachteil einer oberirdischen Lagerung ist die Sorge um den Unterhalt einer solchen Anlage. Wir würden sie den kommenden Generationen aufhalsen, und zwar für hunderttausende von Jahren. Denn schließlich stellen Endlager auf der Oberfläche ein ständiges Risiko dar. Sie müssen auf Dauer gesichert werden gegen Naturkatastrophen, Eiszeiten, Flugzeugabstürze, Terrorismus, Kriegshandlungen usw. Bei einer Unterbringung tief in der Erde werden all diese Risiken minimiert.

Aber auch in einem unterirdischen Endlager erfordert die Radioaktivität der Abfälle noch einige Aufmerksamkeit. Ihre intensiv Gammastrahlung zerstört im Lauf der Zeit alle Festkörperstrukturen, und zwar durch die Erzeugung von Fehlstellen in deren atomarem Aufbau. Solche Metallbehälter wie der Castor oder

der Pollux (s. Abschn. 4.2), in denen die hoch aktiven Abfälle gelagert werden, korrodieren und zerfallen weitgehend im Verlauf einiger hundert oder tausend Jahre allein durch Einwirkung von Wasser, Sauerstoff und Salzen. Diese Korrosion wird durch die Strahlenschäden in den Metallen noch beschleunigt. Man wählt daher als Behältermaterial möglichst robuste Stähle und zusätzlich Umhüllungen aus Kupfer. In diesem heilen Fehlstellen relativ schnell wieder aus und es hält länger dicht. Zusätzlich werden die Behälter mit Betonit umgeben. Das ist ein Tongemisch mit Zementzusatz, das besonders viel Wasser binden kann.

Auch im allgegenwärtigen Wassergehalt des Wirtsgesteins führt die radioaktive Strahlung der Abfälle zu Schadeffekten. Wie wir im Abschn. 3.1 gesehen hatten, entstehen durch Bestrahlung von Wasser H_2O_2 und OH^-. Beides sind starke Oxidationsmittel. Sie fördern die Zersetzung und Korrosion der Gesteine und aller Metalle. In welchem Maße das die Materialien der Behälter unter gleichzeitiger Wirkung von Wärme und Strahlung betrifft, das ist noch nicht genau geklärt. Altertümer und archäologische Objekte können nicht zum Vergleich dienen, weil bei ihnen die Zerfallswärme und die Strahlung meistens fehlt. Heute geht man davon aus, dass Castor, Pollux und ähnliche Behälter in unterirdischen Lagern wenigstens 500 Jahre intakt bleiben. Das heißt hier, undurchlässig für Gase und Flüssigkeiten.

5.3 Wärmesicherheit eines Endlagers

Nach etwa 50 Jahren im Zwischenlager hat ein Castor mit 20 Brennelementen noch eine Wärmeleistung von etwa 4 kW. Er wird dann an der Oberfläche in Luft nur noch 60 bis 100°C heiß. Im Endlager muss die Temperatur an der Oberfläche auch bei schlechter Wärmeleitung der umgebenden Materie immer unter 100 Grad bleiben. Andernfalls würden sich in Wassereinschlüssen dort Dampfblasen bilden. Die Materie würde dann porös und durchlässig für wasserlösliche Substanzen. Besteht das Wirtsgestein aus Salz, so bewirkt bereits ein kleines Temperaturgefälle, dass im Salz eingeschlossene Wassertröpfchen in Richtung höherer Temperatur wandern, also zum Abfallbehälter hin. Dort hat dann das Salz einen geringeren Schermodul und erleichtert damit den Platzbedarf für weitere Wassertröpfchen. Auch die Löslichkeit von Gläsern und Keramik wächst mit zunehmender Temperatur.

Besteht das Wirtsgestein aus Ton, so ist zu bedenken, dass Tongestein sehr temperaturempfindlich ist [5]. Schon bei leichter Temperaturerhöhung kommt es zu mineralischen Umformungen und damit zu Veränderungen der Festigkeit des Gesteins. Granit ist dagegen relativ temperaturunempfindlich und in dieser

Hinsicht dem Salz und dem Ton überlegen. Auf jeden Fall muss für eine gute Wärmeabfuhr vom Abfallbehälter in das Wirtsgestein hinein gesorgt werden, denn man will ja im Endlager nicht künstlich kühlen müssen.

5.4 Rückhaltesicherheit in einem Endlager

Eigentlich sollten die Abfälle dort liegen bleiben, wo sie eingelagert wurden. Das ist jedenfalls mit dem Begriff Entsorgung gemeint. Leider sieht es damit beim Atommüll langfristig nicht so gut aus. Die Behälter sollen ja mindestens 500 Jahre intakt bleiben. Aber was geschieht danach? Metallbehälter werden unter dem Einfluss von Sauerstoff und Wasser korrodieren, und das Material zerfällt dann innerhalb einiger hundert bis einiger tausend Jahre. Dieser Vorgang wird durch die radioaktive Strahlung und die Wärmeproduktion noch beschleunigt. Ebenso zerfallen die Metallumhüllungen des Brennstoffs und die Bauteile der Brennelemente. Dann sind Spaltprodukte und Transurane voll dem Einfluss des Grundwassers ausgesetzt, das es in Spuren in jedem Gestein und in jeder Tiefe gibt. Die radioaktiven Stoffe können außerdem im Wirtsgestein auch trocken diffundieren oder durch Gesteinsbewegungen verlagert werden. Nach einigen tausend Jahren sind sie wahrscheinlich nicht mehr genau da, wo sie eingelagert wurden.

Etwas besser sieht es bei in Glas oder Keramik eingeschmolzenen Abfällen aus (s. Abschn. 4.4). Nur dauert es dort etwas länger, bis die Brennstoffreste beweglich werden, einige 1000 bis 10.000 Jahre. Glas ist für in Wasser gelöste Ionen vieler Art angreifbar, es bildet an der Oberfläche gelartige Strukturen, die sich langsam auflösen. In einigen tausend Jahren löst sich in leicht verunreinigtem Wasser eine Schicht von einem Zentimeter Dicke [7]. Bei radioaktiver Bestrahlung und bei Erwärmung geht das noch zehn- bis hundertmal schneller. Die Van't-Hoffsche Regel sagt, dass eine chemische Reaktion bei Temperaturerhöhung um 10 Grad zwei- bis dreimal so schnell abläuft. Glaskokillen können sich also im Lauf von einigen tausend Jahren auflösen. Nach einigen 10.000 Jahren sind die Überbleibsel des Reaktorbrennstoffs dann dem freien Spiel der Kräfte im Wirtsgestein ausgesetzt. Und sie können mit dem Grundwasser wieder an die Oberfläche kommen, wenn entsprechende Strömungen existieren. Das kann auf natürlich Weise geschehen oder bei bergmännischer Tätigkeit in der Nähe, zum Beispiel bei der Trinkwassergewinnung. Auch nach 10.000 Jahren ist der Atommüll noch keineswegs harmlos. In einem zerfallenen Gebinde mit 20 verbrauchten

Brennelementen beträgt die Aktivität dann etwa 10^{14} Bq bzw. 100 Billionen Zerfälle pro Sekunde. Das ergibt in einem Meter Abstand eine Dosisleistung von 0,4 Sv pro Stunde, die LD-50-Dosis in 12 h.

5.5 Geologische Sicherheit eines Endlagers [5]

Eine perfekte Entsorgung bedeutet, dass die Abfälle sicher dort bleiben, wo man sie deponiert hat. Das ist aber auch tief in der Erde nicht immer der Fall. Zwar gibt es Gesteinsformationen, die schon seit vielen Millionen Jahren ungestört an Ort und Stelle geblieben sind. Und man kann annehmen, dass dies sich noch weitere Millionen Jahre so fortsetzt. Aber es gibt auch solche, die mehr oder weniger oft verlagert wurden. Das geschieht unter dem Einfluss von Vulkanismus, Erdbeben, Plattentektonik, Eiszeiten usw. Standorte, an denen so etwas geschieht oder in absehbarer Zeit geschehen könnte, dürfen natürlich nicht als Endlager dienen.

Wo Vulkantätigkeit und Erbeben häufig sind, das weiß man recht gut. Etwas anderes ist es mit den Folgen von Eis- und Warmzeiten. In den letzten Millionen Jahren hatten wir in Abständen von etwa 100.000 Jahren zehn Kalt- und Warmzeiten. Sie dauerten jeweils etwa 10.000 bis 20.000 Jahre lang. Dabei gab es Temperaturänderungen von bis zu zehn Grad. In Kaltzeiten war die Eisdecke in Skandinavien etwa 3000 m dick, in Norddeutschland bis zu 1000 m. Durch den Druck des Eises kam es zu Ausgleichsbewegungen und Verschiebungen von bis zu 300 m in den Schichten der oberen Erdkruste. Während der Kaltzeiten sank der Meeresspiegel um bis zu 100 m. Infolge der Eisschmelze stieg er in der nächsten Warmzeit dann wieder um so viel an. Dabei wurden Flüsse und Seen verlagert sowie auch die Grundwasserhorizonte. Beim Abschmelzen des Eises können im Untergrund bis zu 300 m tiefe Rinnen entstehen. Seit dem Ende der letzten Eiszeit vor etwa 12.000 Jahren gehen wir auf eine Warmzeit zu und der Meeresspiegel steigt. Diese Tendenz wird durch die derzeitige zivilisatorische Erderwärmung allerdings ganz erheblich verstärkt. Die mittlere Temperatur wird im Zeitraum von heute bis 2050 in Mitteleuropa voraussichtlich um ein Grad zunehmen. Und der Meeresspiegel wird weltweit um 10 bis 30 cm ansteigen. Wenn das Grönlandeis bis zum Jahr 2100 weitgehend schmelzen sollte, was nicht unwahrscheinlich ist, so wird der Meeresspiegel um 7 m steigen. Die pazifischen Inseln würden in diesem Fall überflutet und Teile von Bangladesch, Florida, den Niederlanden und auch Norddeutschlands ebenfalls. Millionen Menschen verlören ihre Wohngebiete. Wenn auch das antarktische Eis schmelzen würde, stiege der Meeresspiegel weltweit sogar um 70 m! Dann hätten wir auf der Erde wieder

Verhältnisse wie vor 125.000 Jahren. Auch diese zivilisatorischen Einflüsse auf das Klima sind bei der Sicherheit eines Endlagers zu bedenken [8].

Aber nicht nur durch Warm- und Kaltzeiten gibt es großräumige Erdbewegungen. Auch infolge der Plattentektonik finden außer Erdbeben an vielen Stellen Hebungen, Senkungen und Verkippungen statt. Sie erreichen Geschwindigkeiten von Millimetern bis Zentimetern pro Jahr. Ein Millimeter pro Jahr ergibt tausend Meter in einer Millionen Jahren. Damit käme ein in 500 m Tiefe gelegenes Endlager eventuell nach 500.000 Jahren wieder an die Oberfläche, wenn diese durch Erosion abgetragen würde. In geologischen Zeiträumen passieren relativ große Veränderungen in der Nähe der Erdoberfläche, die bei Planung eines Endlagers für so lange Zeiten bedacht werden müssen.

Will man die Einflüsse von Krustenbewegungen möglichst weitgehend vermeiden, so muss man das Endlager also möglichst tief in die Erde legen. das heißt in Tiefen von 3 bis 5 km. In diesem Bereich kann man aber mit der heutigen Technik keine zugänglichen Lagerräume mehr bauen. Man kann höchstens recht tiefe Löcher bohren und diese dann mit den Abfällen füllen. Ein solches Bohrloch wird zur Zeit vom US-Department of Energy (DOE) geplant. Es soll 45 cm Durchmesser haben, 5 km tief reichen und 40 Mill. Dollar kosten. Das Loch soll 2 km hoch mit Abfällen gefüllt und anschließend mit Beton verschlossen werden. Den gesamten hochaktiven Abfall der USA könnte man in tausend solchen Bohrlöchern unterbringen, und das Grundwasser würde hierbei nicht berührt. Dies Verfahren wäre immerhin viel billiger als die Anlage von mehreren großen Endlagern. In Deutschland bräuchte man nur etwa 100 derartige Bohrlöcher, ebenfalls zwanzigmal billiger als ein Endlager in bergmännischer Ausführung. Rückholbar wären die Abfälle aus einem Bohrloch allerdings nicht.

Am Ende dieser Abschnitte über die Sicherheitsanforderungen an ein Endlager zeigt die Abb. 5.1 eine Zeitskala mit den wesentlichen Merkmalen und Ereignissen, die wir besprochen haben.

5.6 Auswahl von Wirtsgesteinen [5]

Wie wir festgestellt haben, muss unter anderem der Wasserzutritt zu den Abfällen in einem Endlager so gering wie möglich gehalten werden. Daher kommen zum Beispiel Sedimentgesteine und kalkhaltige Formationen nicht infrage. Gut geeignete Gesteine sind dagegen Granit, Ton und Steinsalz. In diesen Wirtsgesteinen soll die Diffusionsgeschwindigkeit von Wasser wenige als etwa 10^{-10} m/s betragen. Das entspricht einem Zentimeter in drei Jahren. Eine solche, als Endlager brauchbare Gesteinsschicht soll mindesten 100 m dick sein und sie soll in 300 bis

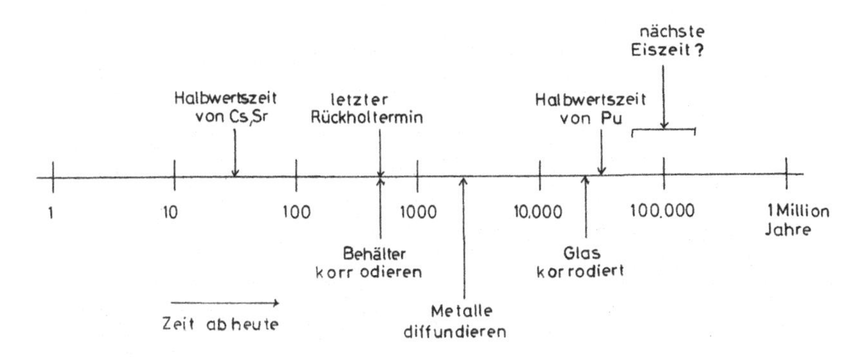

Abb. 5.1 Zeitskala für ein Endlager (Erläuterungen im Text)

1000 m Tiefe liegen. Weiter oben besteht die Gefahr des Zutritts von Grundwasser und von natürlichen oder technischen Verbindungen zur Oberfläche. Weiter unten wird der bergmännische Ausbau eines Lagers schwieriger und teurer. Von Vorteil ist auf jeden Fall eine oberhalb des Lagers angeordnete Tonschicht, weil sie den Durchtritt von Oberflächen- und Grundwasser verhindert. In der Abb. 5.2 sind die in Deutschland bekannten Lagerstätten von Salz, Ton und Granit dargestellt. Wir besprechen nun diese gut geeigneten Gesteine der Reihe nach. Ihre Auswahl bildet die Basis für die Entscheidung über den Standort eines Endlagers.

5.7 Steinsalz

Salzlagerstätten befinden sich überwiegend in Norddeutschland (Abb. 5.2a). Hier liegt auch das bekannte Zwischenlager Gorleben. Die nicht mehr benutzten Zwischenlager Asse und Morsleben befinden sich ebenfalls dort, ebenso der als Endlager für schwach aktive Abfälle vorgesehene Schacht Konrad. Steinsalzlagerstätten entstehen durch Verdunstung in Salzseen und abgetrennten oder schwach durchströmten Meeresgebieten. Beim vollständigen Eindampfen einer 1000 tiefen Wasserschicht entsteht eine 15,75 m dicke Salzschicht, davon 12,4 m Kochsalz (NaCl), und der Rest andere Salze der Alkali- und Erdalkalimetalle. In einem geologisch kurzen Zeitraum von einer Millionen Jahren kann so eine bis 1000 m dicke Salzlagerstätte zusammen kommen. Solche Formationen sind in Mitteleuropa in den letzten 300 Mio. Jahre mehrmals entstanden.

Eine Besonderheit von Steinsalzvorkommen ist die Ausbildung sogenannter Salzstöcke. Das sind Aufwölbungen aus zunächst flächenhaften Ablagerungen,

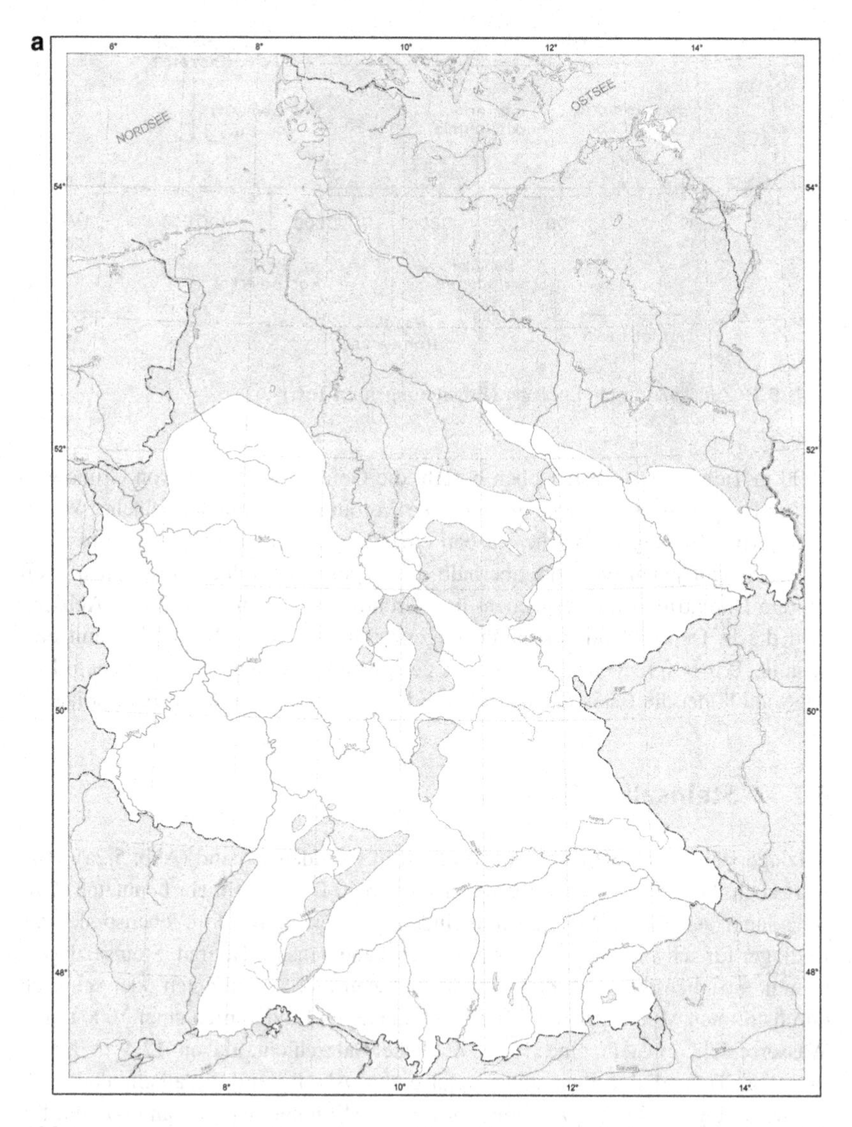

Abb. 5.2 Lagerstätten für Wirtsgesteine in Deutschland. **a** Salz, **b** Ton, **c** Granit (mit frdl. Genehmigung des Geozentrums Hannover)

b

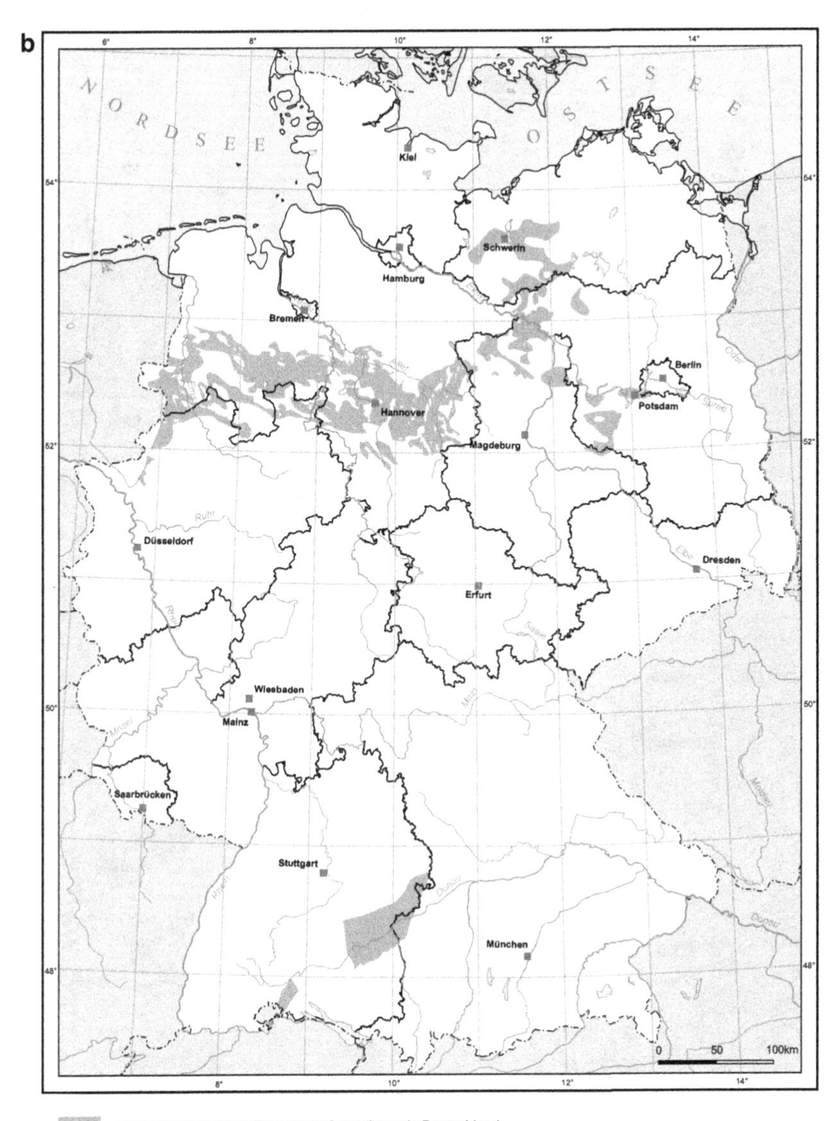

Abb. 5.2 (Fortsetzung)

Abb. 5.2 (Fortsetzung)

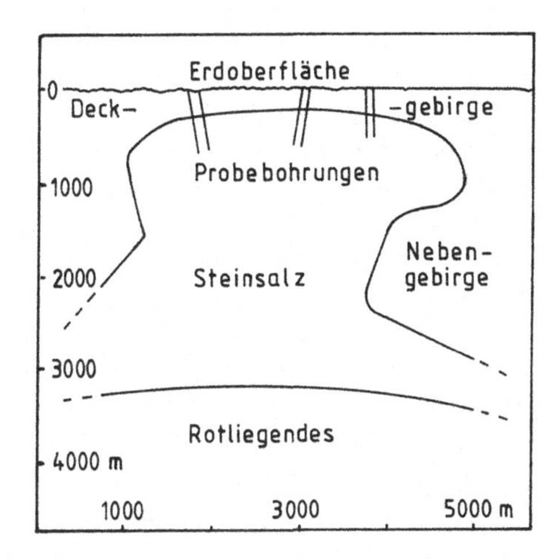

Abb. 5.3 Schnitt durch einen Salzstock (z. B. Gorleben)

die bis dicht unter die Oberfläche reichen können (Abb. 5.3). Sie entstehen, wenn sich über dem Salz mit einer Dichte von 2,2 g/cm^3 Sand-, Ton- oder Kalksedimente mit etwas höherer Dichte bilden. Das Salz wird bei Temperaturen über 60°C und bei höherem Druck plastisch und beginnt mit Geschwindigkeiten von Zentimetern pro Jahr zu fließen. Eine solche Schichtung von größerer Dichte oben und kleinerer Dichte unten ist instabil. Das relativ weiche Salz strebt nach oben und durchbricht die Deckschicht bis es eine Barriere oder die Oberfläche erreicht. Dabei entsteht die charakteristische Salzstockfigur.

Folgende Eigenschaften machen das Steinsalz als Wirtssubstanz besonders interessant (s. Tab. 5.1): hohe Wärmeleitfähigkeit, hohe Plastizität und niedrige Durchlässigkeit für Gase und Flüssigkeiten. Die hohe Plastizität bei erhöhtem Druck ist vor allem wichtig, damit durch Erdbewegungen entstehende Risse und Spalten schnell wieder geschlossen werden. Salz hat allerdings den großen Nachteil, dass es sich bei Wasserzufuhr auflöst und instabil wird. Dann sind Chlorionen ein sehr aggressives Mittel bei der Korrosion der Behältermaterialien Stahl und Glas [6].

5.8 Tonlagerstätten

Tone entstehen durch Ablagerung feinster Partikel von weniger als einem tausendstel Millimeter Durchmesser in Seen und Meeren. Die Teilchen selbst entstehen vor allem durch Verwitterung von Gesteinen an Land, aber auch aus organischen Resten und werden durch die Flüsse ins Meer transportiert. Unter dem Druck der überstehenden Wasserschicht oder von darüber liegenden anderen Gesteinen werden die Tonpartikel dann zu Tonstein gepresst (Diagenese). Den kennen wir zum Beispiel von unseren Blumentöpfen. Tonstein enthält selbst relativ viel Wasser, das in den winzigen Poren zwischen den Partikeln durch Kapillarkräfte festgehalten wird. Bei einem Überlagerungsdruck von 150 bar bzw. bei 1500 m Wassertiefe beträgt der Wassergehalt des Tons 10 bis 20 %. Aber dieses Wasser ist sehr fest gebunden, sodass der Tonstein selbst ziemlich wasserundurchlässig wird. Tonablagerungen sind meist weniger mächtig als Salzschichten, oft nur wenige hundert Meter dick. Und sie sind oft mit Sedimenten oder mit Kalk durchmischt. Daher kommen nur wenige der in Abb. 5.2b bezeichneten Vorkommen als Wirtsgestein für ein Endlager infrage.

Folgende Eigenschaften des Tonsteins sind jedoch für ein Endlager von Vorteil (s. Tab. 5.1): Sehr geringe Löslichkeit in Wasser und sehr geringe Durchlässigkeit dafür. Weniger günstig ist die geringere mechanische Festigkeit, verglichen mit Granit.

5.9 Granit

Granit ist ein Ergussgestein, das heißt, es ist nicht wie Salz oder Ton durch Ablagerung in Gewässern entstanden. Es bildet sich vielmehr durch Abkühlung aus Magma, dem flüssigen Bestandteil des oberen Erdmantels. Magma gelangt auf zweierlei Arten an die Erdoberfläche: entweder durch Vulkanausbrüche, dann heißt die abgekühlte Phase Vulkanit. Oder als Plutonit, der durch Abkühlung in der Erdkruste in 10 bis 70 km Tiefe entsteht und durch Verlagerungen an die Oberfläche gelangt. Das so verfestigte Magma besteht hauptsächlich aus Quarz (SiO_2) und Feldspat (Silikate von Na, K, Mg, Ca u. Al). Gelangt dieser Granit nachträglich wieder unter hohen Druck und auf höhere Temperatur, so entsteht daraus Gneis. Seine makrokristalline Struktur ist mehr plattenförmig als die des ursprünglichen Granits.

Granite sind in der tieferen Erdkruste allgegenwärtig. An der Oberfläche findet man sie vor allem dort, wo Sedimente fehlen, zum Beispiel in Skandinavien und Kanada, oder in vulkanischen Gebieten wie Island. Die Granite in Deutschland sind zumeist vor 280 bis 380 Mio. Jahren entstanden. Sie finden sich vor allem in den sächsischen Mittelgebirgen, im Bayrischen Wald und im Schwarzwald (Abb. 5.2c). Aufgrund ihrer Entstehung, der Abkühlung aus der Schmelze, sind Granite häufig von Spalten und Klüften durchsetzt. Denn Quarz und Feldspat ziehen sich beim Erstarren zusammen. Diese Klüfte sind oft von Wasser

Tab. 5.1 Eigenschaften von Wirtsgesteinen

Eigenschaft	Salz	Ton	Granit
Wärmeleitfähigkeit	+	-	0
Wasserundurchlässigkeit	++	+	0
Plastizität	++	+	-
Festigkeit	+	-	++
Unlöslichkeit in Wasser	–	++	++

++ sehr gut
+ gut
0 mittelmäßig
- schlecht
– sehr schlecht

durchströmt, und das ist für ein Endlager nachteilig. Vorteilhaft sind vor allem aber die große Härte und Festigkeit der Granite sowie ihre gegenüber Steinsalz sehr geringe Löslichkeit in Wasser.

Mit dieser Feststellung beschließen wir unseren Überblick über die endlagerfähigen Wirtsgesteine. In der Tab. 5.1 sind ihre in dieser Hinsicht positiven und negativen Eigenschaften noch einmal zusammengestellt.

5.10 Kosten und Akzeptanz eines Endlagers

Wie schon einleitend erwähnt, gibt es aus zwei Gründen weltweit heute noch kein Endlager für Kernkraftwerksabfälle außer in Finnland. Den Energieunternehmen ist so ein Lager bisher immer zu teuer, und die Bevölkerung hat Angst davor.

Zu den **Kosten** ist Folgendes zu sagen: Ein Endlager in Mitteleuropa würde nach heutigen Schätzungen zischen 50 und 100 Mrd. Euro kosten, je nach Lage und Ausstattung. Das sind nur die Planungs- und Baukosten. Der laufende Betrieb des Lagers und der Transport der Abfälle aus den Zwischenlagern kostet voraussichtlich nochmal 1 Mrd. pro Jahr. Das Lager soll dann 500 Jahre betriebsfähig gehalten werden, weil man die Rückholbarkeit der Abfälle für diesen Zeitraum sicherstellen will. In Deutschland haben die vier großen Energiekonzerne schon 2017 mit der Bundesregierung vereinbart, dass sie für die gesamte Abfallbeseitigung nur 23,3 Mrd. Euro zahlen müssen. Den Rest übernimmt die Staatskasse, das heißt der Steuerzahler. Die Entsorgung der Abfälle ist für uns also etwa genau so teuer, wie die gesamten öffentlichen Investitionen in die Entwicklung und Förderung der Kernenergietechnik während der zweiten Hälfte des 20. Jahrhunderts! Soviel zu den Kosten.

Die **Widerstände der Bevölkerung** gegen den Bau von Endlagern sind in vielen Ländern ähnlich besorgniserregend. In Deutschland sind die Unruhen um das Zwischen- und Endlager Gorleben wohl bekannt. In Frankreich und England gibt es ähnliche aber weniger heftige Proteste. In den USA wollte man ein Endlager im Yucca-Gebirge bauen. Die Regierung dieses Staates hatte aber schwerwiegende Bedenken dagegen, und die Planungen wurden vor etwa zehn Jahren auf Eis gelegt. Ähnlich wie in Gorleben war das Lager aus geologischer Sicht nicht sicher genug, und die Entscheidungen dafür waren politisch motiviert. Lediglich in Finnland, Frankreich, Schweden und der Schweiz ging die Endlagerplanung bisher friedlich und befriedigend voran. Hier wurde die Bevölkerung sachlich und verständlich über die Notwendigkeit und über die Risiken eines solchen Lagers aufgeklärt, und hat das akzeptiert.

Die Befürchtungen der Bevölkerung vor einem Endlager sind vielfältig. So unbegründet, wie sie manchmal dargestellt werden, sind sie allerdings nicht. Sie drücken die Sorgen wegen der für viele Bürger undurchschaubaren Gefahren aus:

- Die Angst vor einer möglichen Kernexplosion in einem Abfalllager.
- Die Angst vor einem Transportunfall auf dem Weg ins Lager, wobei Radioaktivität frei werden könnte.
- Die Angst vor radioaktiven Emissionen aus einem Zwischenlager oder Endlager infolge eines Unfalls durch technisches Versagen oder durch eine Naturkatastrophe.
- Die Angst vor einer Verseuchung des Grundwassers durch Undichtigkeiten in den Abfallbehältern.
- Die Angst vor einem Diebstahl radioaktiver Stoffe oder von spaltbarem Material zum Bau einer Bombe.
- Die Angst vor Beschädigungen des Lagers oder der Abfallbehälter durch Terrorismus oder Kriegshandlungen.

Alle diese Ängste müssen ernst genommen und mit den Bürgern sachlich und vertrauenswürdig diskutiert werden.

Will man das Abfallproblem dauerhaft entschärfen, wie es in Finnland geschehen ist, so muss bei uns noch viel Aufklärungsarbeit geleistet werden, und es muss vor allem wieder Vertrauen in die Politik geschaffen werden. Das hat im Zusammenhang mit Wackersdorf und Gorleben nämlich sehr gelitten. Die möglichen Gefahren müssen für den Laien durchschaubar dargestellt werden. Die verbleibenden Risiken müssen objektiv geschildert und dürfen nicht wie bisher verharmlost werden. Man kann heute ja noch nicht beurteilen, ob die Kernenergie sich langfristig weltweit überhaupt noch lohnt, und ob die damit verbundenen

Risiken auf Dauer akzeptiert werden. Daher müssen der Bevölkerung auch die bekannten Alternativen der Energiegewinnung mit ihren Vor- und Nachteilen verständlich gemacht werden [9].

Zusammenfassend kann man sagen: Die Kosten und der Widerstand der Bevölkerung sind die Hauptursachen dafür, dass es weltweit noch kein Endlager für die hochaktiven Abfälle der Kernenergiegewinnung gibt. Nur in Finnland ist gerade eines fertig geworden, und in den USA gibt es eins für die Abfälle aus der militärischen Plutoniumproduktion, aber keins für zivile Abfälle.

Bisher haben wir nur über Endlager für **hoch aktive Abfälle** (HLW, high level waste) gesprochen. Diejenigen mit **niedriger** und **mittlerer Aktivität** (LLW und ILW, low and intermediate level waste) von weniger als 10^{13} Bq/m^3 oder mit einer Wärmeleistung von weniger als 200 W/m^3 stellen offenbar kein so ernstes Problem dar. Jedenfalls hört man nicht so viel davon. Solche Endlager gibt es in fast allen Ländern, in denen Kernkraftwerke, Plutoniumfabriken oder Forschungsreaktoren stehen. Ein Endlager für schwächere Aktivitäten kostet drei bis viermal weniger als eines für hoch aktive. Schon die Behälter dafür sind viel einfacher und billiger, meist nur gewöhnliche Stahlfässer. Aber auch die müssen natürlich unter Verschluss gehalten und sorgfältig kontrolliert werden. Zu den schwach aktiven Abfällen gehören vor allem die Bau- und Betriebsstoffe der Reaktoren und von Beschleunigeranlagen, ferner die Abrissmaterialien stillgelegter Kernkraftwerke, die radioaktiven Verbrauchsstoffe aus Technik, Forschung und Medizin, die Abfälle vom Uranbergbau und der Brennelementherstellung usw. Alle diese Materialien benötigen kein Abklingbecken und kein Zwischenlager. Sie können mehr oder weniger sofort deponiert und vergraben werden. Die Proteste der Bevölkerung sind hier viel bescheidener als bei den hoch aktiven Abfällen: „Was in gewöhnlichen Stahlfässern drin ist, und was man beinahe anfassen kann, das wird schon nicht so gefährlich sein.“ Das deutsche Endlager für schwach aktive Abfälle befindet sich im Schacht Konrad im Bau, einem stillgelegten Eisenerzbergwerk bei Salzgitter (Näheres im nächsten Kapitel).

6 Situation und Endlagerplanung in Deutschland

In Mitteleuropa gibt es noch kein Endlager für hoch radioaktive Abfälle, obwohl hier seit 1960 etwa 100 Kernkraftwerke in Betrieb waren oder noch sind. Das liegt, wie schon im vorigen Kapitel erläutert, an den Kosten und am Widerstand der Bevölkerung. Für die Kosten wären eigentlich die Verursacher zuständig, nämlich die Energieunternehmen, aber die haben sich, wie schon erwähnt, davon freigekauft. Für die Widerstände der Bevölkerung sind unsere Politiker bzw. unsere Regierungen zuständig, aber die haben bisher versagt. Und so liegt ein riesiger Berg von Atommüll in provisorischen Deponien und strahlt dort vor sich hin. Er stellt eine ständige latente Gefahrenquelle dar und muss daher dringend beseitigt werden.

6.1 Die Vorgeschichte in Gorleben [10]

In den Jahren1977 bis 2000 wurden Untersuchungen zur Eignung des Salzstocks bei Gorleben als mögliches Endlager für hoch aktive Abfälle durchgeführt. Das Dorf Gorleben liegt in Niedersachsen nahe der ehemaligen Grenze zur DDR. Das Unternehmen stand von Anfang an unter keinem guten Stern. Der Salzstock war aus verschiedenen Gründen ungeeignet: Das Deckgebirge war instabil und von tiefen Erosionsrinnen durchzogen. Es gab Kontakte zum Grundwasser, und 300 m darüber fließt die Elbe! Man hatte diesen Standort jedoch in der Hoffnung gewählt, dass bei einem möglichen Unfall mit Aktivitätsemission der hier übliche Westwind die Luftmassen in Richtung DDR treiben würde. Diese Absicht hat sich gerächt. Die Proteste der westdeutschen Bevölkerung waren so heftig, dass ab 2000 die Erkundung für zehn Jahre unterbrochen wurde. Die dafür entstandenen Kosten beliefen sich auf mehrere Milliarden Euro, und diejenigen für die weitere Offenhaltung bisher auf 220 Mio.

K. Stierstadt, *Atommüll – die teure Erbschaft,* essentials,
https://doi.org/10.1007/978-3-662-64726-4_6

Außer diesem **Erkundungsbauwerk** gibt es in Gorleben ein Zwischenlager für hoch aktive Abfälle, das **Transportbehälterlager** (s. Abb. 4.5). Es hat eine Kapazität von 420 Castoren und dürfte zur Zeit weitgehend gefüllt sein. Genaue Auskunft erhält man dazu nicht. In dieses Lager gelangten auch laufend die Rückstände des deutschen Atommülls aus den Wiederaufarbeitungsanlagen in La Hague und Sellafield (s. Abschn. 4.4). Die Proteste der Bevölkerung gegen das Zwischen- und das vorgesehene Endlager waren so heftig, dass sie weltweite Beachtung fanden. Zwischen 1990 und 2011 gab es 15 größere Demonstrationen mit Polizeieinsätzen. Eine der größten mit 50.000 Demonstranten und 20.000 Polizisten fand 2010 statt und kostete 50 Mill. Euro, als 11 Container mit hoch konzentriertem Atommüll aus La Hague angeliefert wurden. So konnte es nicht weitergehen! Die „Rettung" kam aus Fukushima: die Zerstörung des dortigen Kernkraftwerks mit vier Reaktoren durch einen Tsunami am 11. März 2011. Unter dem Eindruck dieses GAUs, des zweiten nach Tschernobyl, beschloss der Deutsche Bundestag drei Monate später den endgültigen **Atomausstieg:** Das letzte Kernkraftwerk in Deutschland soll Ende 2022 abgeschaltet werden.

Aber das Problem Gorleben war damit immer noch nicht erledigt. Erst der Bericht der „Bundesgesellschaft für Endlagerung" vom September 2020 [12] brachte die Entscheidung: Gorleben scheidet aus den für geeignet befundenen Endlagerstätten aus. Und das dortige Zwischenlager für schwach aktive Abfälle wird in den Schacht Konrad bei Salzgitter überführt (s. Abschn. 6.2), der im Lauf der 2020-iger Jahre fertig werden soll. Das Transportbehälterlager in Gorleben soll nicht weiter gefüllt werden, bleibt jedoch bestehen, bis ein Endlager existiert. Damit ist das Problem Gorleben vorläufig aus der Welt.

6.2 Endlager für schwach aktive Abfälle

Diese Abfälle entwickeln, wie oben erwähnt, so wenig Wärme, dass sie nicht künstlich gekühlt werden müssen (s. Abschn. 4.3). Ihre spezifische Aktivität ist kleiner als etwa 10^{13} Bq/m^3. Und die Strahlendosis, die man beim berufsmäßigen Umgang normalerweise damit empfängt ist kleiner als etwa 20 mSv/a, dem Grenzwert für Beschäftigte. In Deutschland liegen zur Zeit etwa 100.000 t schwach aktiver Abfälle auf Halde. Sie befinden sich in provisorischen Abfalllagern wie den Deponien in Asse, Morsleben und Lubmin, aber auch in lokalen Sammelstellen der Bundesländer. Jedes Jahr kommen etwa 5000 t dazu. Für alle diese Abfälle ist ein zentrales Endlager im Bau, der **Schacht Konrad** in einem ehemaligen Eisenerzbergwerk bei Salzgitter in der Nähe von Braunschweig. Diese Deponie soll in etwa 1000 m Tiefe in sedimentärem Eisenerz etwa

300.000 m^3 schwach aktiver Abfälle aufnehmen. Sie soll 2027 fertig werden und etwa 4 Mrd. Euro kosten.

Was soll dort alles entsorgt werden? Zunächst das, was sich bei den Kernenergieanlagen an schwach aktiven Abfällen angesammelt hat, bei Beschleunigern, Industierbetrieben, Forschungseinrichtungen, Kliniken usw. Diese lokalen Sammelstellen sollen schnellstens geräumt werden. Die Transporte sind nicht besonders gefährlich, weil es sich meist um kleinere Mengen handelt. Anders ist das mit den Abfällen aus den drei zentralen Lagern, Asse, Morsleben und Lubmin. Hier befinden sich Tausende von Tonnen schwach aktiver Abfälle, deren Herkunft und Zusammensetzung nur zum Teil bekannt ist. Darunter sind auch unbekannte Mengen von angereichertem Uran und sogar Plutonium! In Asse hat es in den letzten Jahren mehrere größere Wassereinbrüche gegeben. Dort liegen etwa 130.000 Kisten und Fässer, zum Teil schon im Wasser, zum Teil beschädigt, mit einer Gesamtaktivität von etwa 10^{16} Bq. Die komplette Räumung dieses Lagers würde etwa 2 bis 4 Mrd. Euro kosten. Man hat noch nicht entschieden, ob man das ausgeben will, oder ob man die Stollen einfach zuschüttet ohne genau zu wissen, was dann passiert! Nicht ganz so schlimm sieht es im Bergwerk Morsleben aus. Dort wurden die schwach aktiven Abfälle der DDR deponiert und seit 1990 auch aus Westdeutschland, insgesamt etwa 40.000 m^3. Auch hier gibt es schon Wassereinbrüche. Und auch hier hat man noch nicht entschieden, ob man die Grube räumen soll oder warten, bis sie ganz mit Wasser gefüllt ist. Man rechnet damit, dass dann in frühestens etwa 10.000 Jahren Radioaktivität in die Biosphäre gelangen wird [10]!

6.3 Zwischenlager für hoch aktive Abfälle

Wie schon mehrfach erwähnt, befinden sich die hoch aktiven Abfälle Deutschlands mit einer Aktivität von mehr als 10^{14} Bq/m^3 zur Zeit in 16 Zwischenlagern. Davon existieren 13 bei den Kernkraftwerken, und es gibt drei zentrale solche Lager, in Ahaus, Gorleben und Lubmin (Abb. 6.1). Diese Lager enthalten in 1500 Castoren die verbrauchten Brennelemente aller deutschen Kernkraftwerke und Forschungsreaktoren (s. Abb. 4.5). Außerdem befinden sich dort die Kokillen mit den wiederaufgearbeiteten Abfällen aus La Hague und Sellafield (s. Abschn. 4.4). Alles zusammen sind das 15.000 t hoch aktiver Substanzen.

Die Lager befinden sich in großen Hallen mit bis zu 1 m dicken Betonwänden. Sie liegen meist in unbewohnten Gebieten und sind gut gegen den Zutritt Unbefugter geschützt. Die Dosisleistung der Gammastrahlung an der Umzäunung darf höchstens 0,35 μSv pro Stunde betragen. Das ergibt bei Daueraufenthalt im

Abb. 6.1 Zwischenlagerstätten in Deutschland. (Aus: Bundesgesellschaft für Endlagerung, *Einblicke,* Heft 6, EMDE GRAFIK)

Jahr 3 mSv, nicht ganz den Wert von natürlicher uns künstlicher Strahlendosis zusammen (s. Abschn. 3.6). Die Betriebsgenehmigung der Zwischenlager ist auf 50 Jahre begrenzt. Schon jetzt ist abzusehen, dass das nicht ausreicht. Denn ein Endlager wird in Deutschland frühestens 2070 fertig sein (s. Abschn. 3.6).

6.4 Die Endlagerplanung

Aus dem Debakel um Gorleben hat man Manches gelernt. An die Kosten eines zentralen Endlagers von 50 bis 100 Mrd. Euro hat man sich zwar inzwischen gewöhnt. Die trägt ja der Steuerzahler, und sie müssen im Wesentlichen erst von der nächsten Generation aufgebracht werden. Aber die zu erwartenden Proteste der Bevölkerung bereiten immer noch große Sorgen. Daher hat man zunächst mal ein entsprechendes Gesetz gemacht, das **Standortauswahlgesetz** vom Juli 2013 [11]. Es umfasst 38 Paragraphen, 12 Anhänge und gebiert ein bürokratisches Monstrum: Insgesamt werden 5 Gremien mit Hunderten von Mitgliedern beauftragt, bis zum Jahr 2031 einen Standort für das deutsche Endlager zu suchen. Diese Gremien werden noch ergänzt durch etwa 22 *Fachkonferenzen* mit Beteiligung der Bevölkerung. Die Abb. 6.2 zeigt einen Überblick. Wer letzten Endes den entscheidenden Vorschlag macht, und diesen wo vertritt, das ist daraus aber nicht genau ersichtlich. Es soll ja nun „auf Teufel komm raus" ein Endlager gefunden werden, aus dem man die Abfälle 500 Jahre lang zurück holen kann, und in dem sie 1 Mill. Jahre sicher bleiben können.

Die durch das Gesetz geschaffene *Bundesgesellschaft für Endlagerung* mit 1900 Mitarbeitern hat im September 2020 ihren ersten „Zwischenbericht Teilgebiete" vorgelegt [12]. Er umfasst 444 Seiten und enthält als wesentliches Ergebnis Karten mit den Lagerstätten der brauchbaren Wirtsgesteine (s. Abschn. 5.6) in Deutschland (Abb. 6.3). Hierbei handelt es sich um alle Gebiete, „die günstige geologische Voraussetzungen für die sichere Endlagerung erwarten lassen"; Gorleben ist nicht mehr dabei. Die in der Abbildung als günstig ausgewiesenen Gebiete umfassen die halbe Fläche Deutschlands. Hier sollte sich also ein geeigneter Platz finden lassen. Allerdings haben die Länder Bayern und Baden-Württemberg schon protestiert.

Ab jetzt soll die Bevölkerung beteiligt werden. Im Gesetz steht leider nicht, wie das konkret geschehen kann. Dort steht lediglich: Das *Bundesamt für die Sicherheit der nuklearen Entsorgung* gibt der Öffentlichkeit Gelegenheit zur Stellungnahme in „diesem transparenten, selbsthinterfragenden (?!) und lernenden Verfahren". Das soll wohl in den geplanten *Fachkonferenzen* geschehen. Eine erste solche hat am 17. Oktober 2020 mit Hunderten von Teilnehmern in virtueller Form stattgefunden. Dabei wurden Fachvorträge gehalten und Fragen der Teilnehmer von Fachleuten beantwortet. Der gesamte Verlauf der Konferenz ist im Internet dokumentiert. Beschlüsse zur Sache wurden jedoch nicht gefasst. Weitere solche *Fachkonferenzen* fanden im Jahr 2021 statt.

Das weitere Verfahren der Standortsuche umfasst laut Gesetz dann: Entscheidungen über die obertägige und untertägige Erkundung ausgewählter Standorte.

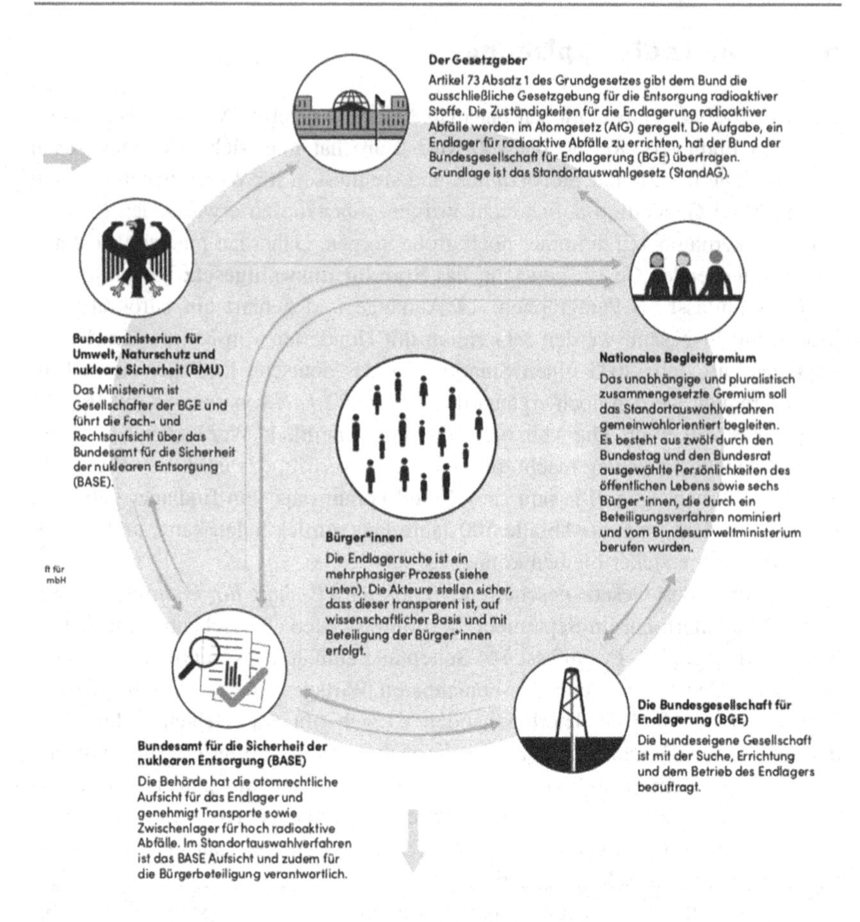

Abb. 6.2 Schema der Endlagersuche in Deutschland. (Aus: Bundesgesellschaft für Endlagerung, *Einblicke,* Heft 6, EMDE GRAFIK)

Diese Entscheidungen trifft offenbar die *Bundesgesellschaft für Endlagerung.* Wie die Ergebnisse der Fachkonferenzen aber darin eingehen sollen, ist nicht ganz klar. Das Bundesamt für die Sicherheit der nuklearen Entsorgung wählt dann den geeignetsten aller geprüften Standorte aus und empfiehlt diesen im Jahr 2031 als definitives Endlager dem Bundestag zur Gesetzgebung. Dann sollen wir also ein Endlager bekommen, was ja aufgrund des sorgfältigen Entscheidungsprozesses keine Widerstände mehr aus der Bevölkerung zu befürchten hat. So hofft man

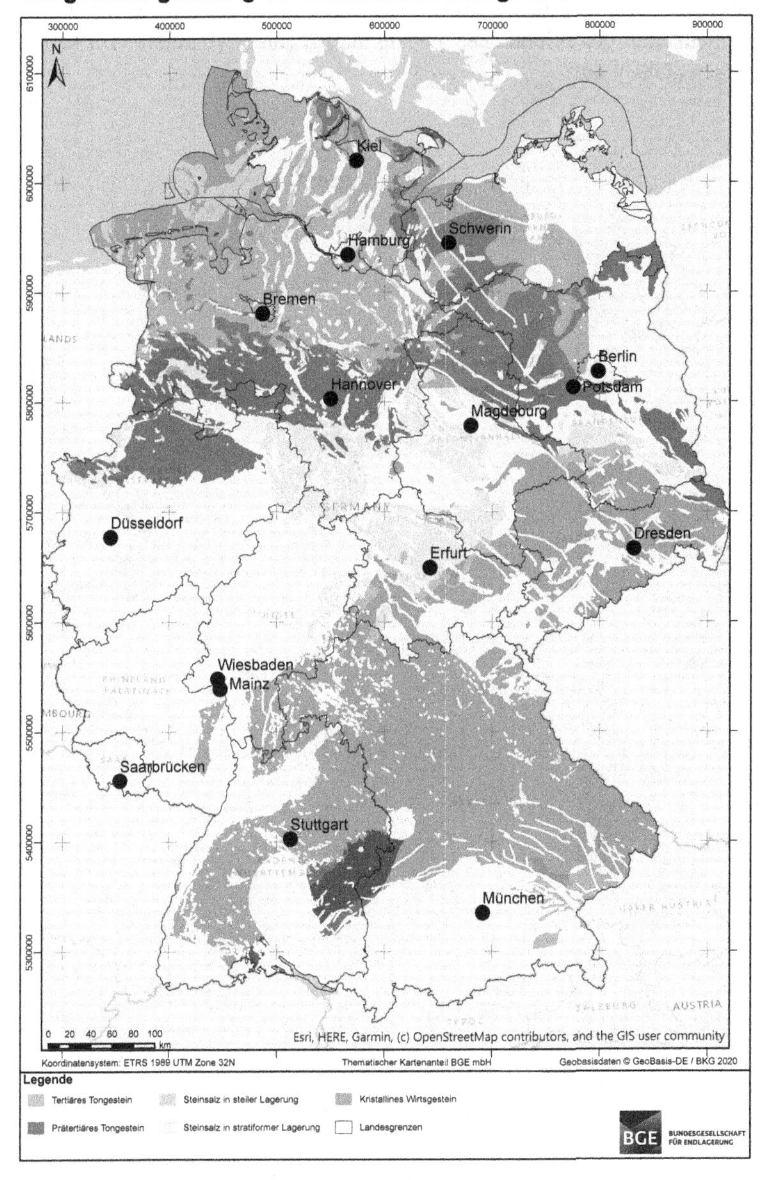

Abb. 6.3 Teilgebiete nach dem Standortauswahlgesetz, Herbst 2020. (Aus: Bundesgesellschaft für Endlagerung, *Zwischenbericht Teilgebiete*)

wenigstens. Ein „Rettungsanker" für immer noch nicht ausgeräumte Bedenken ist offenbar das *Nationale Begleitgremium* gedacht (s. Abb. 6.2). Es besteht aus 12 Persönlichkeiten des öffentlichen Lebens und 6 Bürgervertretern. Da kann man nur sagen „Glück auf".

Nachwort

Was haben wir gelernt, und wo stehen wir heute? Wir haben gesehen, wie viel Abfälle ein Kernkraftwerk produziert und wie gefährlich diese sind. Und wir haben besprochen, wie man mit ihnen umgehen kann, und wie man sie auf Dauer sicher entsorgt. Dafür werden große finanzielle Belastungen auf die Steuerzahler zukommen. Und die Politiker werden sich große Mühe geben müssen, um das verlorene Vertrauen in ihren Umgang mit dem Atommüll wieder zu gewinnen. Wenn alles gut geht, dann werden wir vielleicht Ende dieses Jahrhunderts die Abfälle sicher unter der Erde haben.

K. Stierstadt, *Atommüll – die teure Erbschaft,* essentials,
https://doi.org/10.1007/978-3-662-64726-4

Literatur

[1] B. Ludwig u. D. Eichenmüller, *Der Nukleare Traum*, DOM publishers, 2020.
[2] Bundesgesellschaft für Endlagerung, *Einblicke*, Magazin der BGE Nr. 6 (2020).
[3] K. Stierstadt, *Atommüll – wohin damit?*, Frankfurt a. M. 2010.
[4] H. Krieger, *Strahlenphysik, Dosimetrie und Strahlenschutz, Bd. 1 Grundlagen,* Stuttgart 2002.
[5] U. Dornsiepen, *Atommüll – wohin?*, Darmstadt 2013.
[6] X. Guo u. a., *Self-accelerated corrosion of nuclear waste forms at material surfaces,* Nature Mater. **19**, 310 (2020).
[7] K. Heinloth, *Die Energiefrage*, Braunschweig 1997.
[8] K. Stierstadt, *Unser Klima und das Energieproblem*, Wiesbaden 2020.
[9] K. Stierstadt, *Energie – das Problem und die Wende*, Haan-Gruyten 2015.
[10] Wikipedia, *Atommülllager Gorleben*, 2021.
[11] Bundesministerium der Justiz und für Verbraucherschutz, *Standortauswahlgesetz*, 2017.
[12] Bundesgesellschaft für Endlagerung, *Zwischenbericht Teilgebiete*, 2020.

K. Stierstadt, *Atommüll – die teure Erbschaft,* essentials,
https://doi.org/10.1007/978-3-662-64726-4

Was Sie aus diesem *essential* mitnehmen können

- Bei der Energiegewinnung im Kernreaktor entstehen zwangsläufig radioaktive Abfälle in beträchtlicher Menge.
- Die Strahlung dieser Abfälle ist für alle Materie destruktiv und für Lebewesen in höchstem Maße gefährlich. Schon ein zweiminütiger Aufenthalt neben einem frisch gebrauchten Brennelement ist tödlich.
- Die bisher angefallene Menge des Atommülls, viele zehntausend Tonnen, lagern mit hohem Sicherheitsrisiko in provisorischen Deponien.
- Es gäbe verschiedene Möglichkeiten, in Deutschland ein sicheres Endlager zu bauen. Leider werden sie bisher nicht genutzt.
- Der Weg dorthin ist mit Widerständen aus der Bevölkerung und mit großem bürokratischem Aufwand gepflastert. Ort und Zeitpunkt für die Errichtung eines Endlagers sollen erst in etwa zehn Jahren bestimmt werden.

K. Stierstadt, *Atommüll – die teure Erbschaft,* essentials,
https://doi.org/10.1007/978-3-662-64726-4

Printed in the United States
by Baker & Taylor Publisher Services